U0004980

☙ 知っておきたい ネコの多頭飼いのすべて ❧

多貓家庭
飼養指南

獸醫師（Lake Town 貓咪診療中心院長）
長谷川 諒◎監修

高慧芳◎譯

晨星出版

從小我就非常喜歡動物，會成為獸醫師，重要原因之一也是「喜歡動物」。

儘管幼年時期在老家就有和狗狗一起生活的經驗，但在進入大學之後，我開始了一個人的獨居生活。接著在大學二年級時，我參加了貓咪保護的志工活動，就此開啟了飼養貓咪的生活。之後過了半年又有一隻貓咪加入，然後在成為獸醫師後因為收留流浪貓又新增了一隻，現在家裡已經有三隻可愛的貓咪了。

貓咪是一種很隨心所欲的動物，像傲嬌這種形容詞，根本就是為牠們量身打造的。牠們會在撒嬌與不撒嬌之間隨意切換，這種平衡的拿捏，我個人認為真的是絕妙無比。愈是被牠們冷酷以對，就愈會覺得牠們在撒嬌的時候特別可愛。

貓咪基本上算是強壯的動物，而且即使有了健康上的問題，牠們也習慣將其隱忍不發，這是一種基於「不要將弱點展現給敵人看」的野生本能行為。雖然具有野性正是貓咪的一大魅力，但對飼主來說，這一點有時卻會讓我們無法早期發現及治療貓咪身上的疾病。

「牠們就是我家的貓咪，可愛的姿態總是給我滿滿的療癒感。」

因此盡可能地經常檢查貓咪的健康狀態，就成了飼養貓咪很重要的一環。例如貓砂盆的清理工作，最好是每天都由同樣的人在同樣的時段來進行，這樣即使是很細微的變化也能夠發現到。這一點不論是多貓家庭還是單貓家庭，可以說都是維持愛貓健康的一大重點。

　　此外，與貓咪健康問題有關的還有一件事也很重要，那就是醫療費用的問題。尤其是在開始飼養多隻貓咪之前，一定要事先了解到這一點。

　　一般來說，飼養貓咪除了伙食費之外，第二個需要花錢的就是醫療費用。特別是飼養同年齡層的多隻貓咪時，牠們有可能會在同一時期發生健康上的問題。這樣一來，在醫療費用上就必須支出一定程度的累計金額。

　　就像前面提到的，飼養多隻貓咪有一些需要特別注意的重點，所以如果真的想要多飼養幾隻貓咪的話，有一個大前提務必要遵守，那就是「貓咪的飼養隻數，要在自己或家人能夠確實照顧到的範圍內」。

　　接下來，只要能克服前述的問題，就可以盡情享受和貓咪們的共同生活了。

　　以我自己來說，在飼養第二隻還有第三隻貓咪之前，也曾稍微擔心過「自己真的能讓每隻貓咪都幸福生活嗎？」但從結果來看，這些擔心都是沒用的。每次只要見到貓咪們一起玩耍、一起睡覺的樣子，就會感受到無比地幸福。

　　本書的內容包括數個主題，從如何獲得新貓咪到如何打造飼養環境，還有前面提到的如何維持牠們的健康等，每一個主題都彙整了多貓家庭需要知道的資訊。衷心希望本書能夠提供一些幫助，讓每位讀者都能和自家可愛的貓咪們展開幸福的生活。

獸醫師　**長谷川 諒**

CONTENTS

第1章 • 與貓咪一起幸福生活的要點

第2章 ▶ 飼養新貓咪該注意的重點

第3章 ●讓貓咪們都能幸福生活的祕訣

第5章 ● 飼主應該要知道的問題解決之道

本書的閱讀方式

本書所介紹的主題是多貓家庭的飼養指南。

從貓咪的基礎知識開始，到貓咪的收編管道及健康上的問題為止，

會依序介紹飼主與貓咪們一起生活時所需要知道的各種資訊。

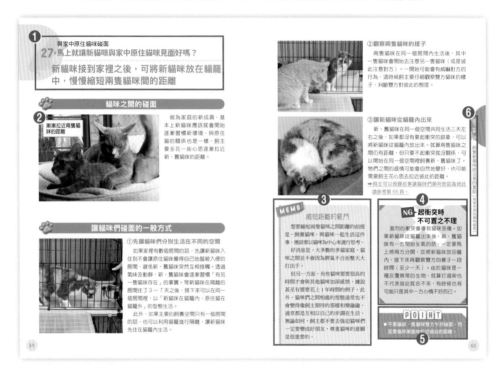

❶各頁面的主題

針對飼主經常會有的疑問或需求給予解答，具體的說明會利用該頁面的內文、照片及插圖加以介紹。

❷關鍵字

將該頁面介紹的重點以簡潔的語句表示。

❸MEMO

與該頁面介紹內容有關並且對多貓家庭有用的訊息。這些資訊應該可以幫飼主找出能夠配合自身環境的最佳飼養方式。

❹NG

飼主經常會不小心犯下的錯誤，請務必記得要儘量避免發生。

❺POINT

將該頁面介紹內容的重點以簡潔的文字加以彙整。當讀者想要再次確認本書所介紹的內容時，可以先查看此處。

❻簡易索引

每一頁均有標示，可用來檢索想知道的多貓家庭飼養知識。

第 1 章

與貓咪一起
幸福生活的要點

在開始與眾多可愛的貓咪一起生活之前，
首先要確認的是多貓家庭所需的花費與飼養環境。
包括動物本身的特性在內，
確實了解貓咪的相關知識也是很重要的一環，
這些知識對於如何正確與貓咪們一起生活也會有所幫助。

01 ▸ 真的同時飼養多隻貓咪的話，會是什麼樣的生活？

雖然在飼養多隻貓咪之前需要多方考慮，但只要看到貓咪們能夠幸福生活，飼主也會很快樂

多貓家庭的幸福

貓咪是非常可愛的動物，與適當數量的貓咪們一起生活會給人帶來幸福的感覺。這裡就來列舉幾個多貓家庭的真實心聲。

> 牠們感情變好的過程就跟連續劇一樣

我們家目前有五隻貓咪。在迎接新貓咪進入家庭的時候，要讓牠們習慣花了我不少心力。因為貓咪的領域性很強，就算是個性穩定有親人的貓咪也會非常生氣。如果新貓咪與原住貓的房間沒有分開的話，有時候一沒注意兩隻貓咪就打起來了。不過，貓咪之間感情變好的過程也十分戲劇化，看到貓咪們和樂融融的那種景象時真的很開心，還會覺得非常感動。

（nekoccho-family）

➡ nekoccho-family 的詳細資訊在第 127 頁

每一隻貓咪都讓我一見鍾情，等到發現時都已經三隻貓咪了。因為飲食內容的問題，每一隻貓咪都必須在不同的地方餵飯才行，這一點比較麻煩。不過因為每一隻貓咪喜歡撒嬌的時間都不一樣，所以一整天下來經常會有貓咪過來蹭蹭，感到幸福的時間也就變多了。（kokesukepapa）

➡ kokesukepapa 的詳細資訊在第 127 頁

我是因為有貓咪流浪到自家庭院才開啟了養貓生活，之後又從收容所還有貓咪救援的志工手裡陸陸續續領養了貓咪，最多的時候同時有七隻貓咪跟我一起生活。雖然在貓砂盆的清理還有飲食管理上有些累人，但每天能被最喜歡的貓咪們包圍，實在是太療癒了。
（Yuu）

在我家的孩子獨立了之後，因為生活上時間得比較充裕所以決定開始養貓。在顧及自己生活平衡點的同時一直和貓咪生活在一起，不知不覺已經養了六隻貓了。只要看著貓咪們和睦地生活著，心裡就會覺得很幸福。
（Y.D.）

原本就有從朋友那裡領養了一隻大型的緬因母貓，然後某一天不經意路過某家寵物店時，突然與一隻可愛的幼貓對上了雙眼，感覺就像是命運般地邂逅，於是就把那隻貓咪帶回家了。以我們家來說，本來就不覺得「多貓家庭會很麻煩」，而實際上貓咪之間也沒有發生衝突，每天都很幸福地過日子。貓咪之間那種有著絕妙距離感的關係，光看就覺得很好玩！
（moja把拔）

POINT

● 很多家庭都能夠與好幾隻貓咪們一起幸福生活。

02▸貓咪對人類真的有療癒效果嗎？

貓咪的確可以帶來療癒的效果，人類在撫摸貓咪時，體內會分泌讓身心都能得到放鬆的賀爾蒙

貓咪的療癒效果

貓咪能給療癒飼主的身心

貓咪能夠給人帶來療癒的效果。

科學研究已經證明當我們人類在撫摸柔軟的物體時，腦內會釋放名為「催產素（oxytocin）」的賀爾蒙。由於催產素能夠同時促進身心的穩定，因此也被稱為「幸福賀爾蒙」。此外，正確照顧貓咪、讓貓咪能夠快樂生活的過程，也會給飼主帶來「以自己的力量完成」這種正面的成就感。

還有最重要的，就是貓咪之間互相嬉鬧、理毛那種可愛無比的姿態和動作，不知道為什麼就是能讓人光看就覺得很療癒。

貓咪眼中的飼主

相反地，對貓咪來說飼主又是什麼樣的存在呢？

從結論來看，由於貓咪不像人類一樣會說話，因此「貓咪的心情只有貓咪才知道」。這一點其實是眾說紛紜的，例如英國的動物學者約翰・布拉德蕭（Dr. John Bradshaw）就認為，由於貓咪對人類的行為與貓咪對其他貓咪的行為並沒有不同，因此貓咪只是把飼主當作是大型的貓咪而已。

有一件事倒是可以確定，那就是貓咪與人類已經共處了很長的歷史。從國外遺跡的發現已經證實，貓咪至少從 9500 年前就已經開始與人類一起生活了。山貓、獅子及老虎雖然也屬於貓科的動物，但牠們完全生活在自然環境下。另一方面，對家貓（也就是一般飼養在家庭中的貓咪）來說，或許生活在人類身邊就算是最自然的環境吧。

飼養隻數增加

由於新型冠狀病毒疫情的影響，大家「宅」在自己家裡的時間應該也變得很長了吧！日本國內的貓咪飼養隻數也在增加，根據寵物食品協會的統計資料顯示，2021年日本國內貓咪的飼養隻數就高達 8946000 隻，比狗狗的飼養隻數 7106000 隻還要多。而從飼養隻數的變動來看，也比新冠疫情前 2018 年的飼養隻數 8849000 隻多了 90000 隻以上。

此外在多貓家庭方面，同時飼養多隻貓咪的飼主也有增加的現象，每三名貓咪飼主中，就有一人飼養了不只一隻貓咪。

兩隻貓咪也屬於多貓家庭

所謂多寵家庭，其實就是同時飼養了不只一隻的同種類（或相似種類）的寵物。具體而言並沒有特定的數量，所以基本上只養了兩隻貓咪也屬於多貓家庭。

貓咪中途之家的增加

因為棄養等原因沒有飼主、暫時被救援照顧的貓咪稱為「中途貓」，而收留這些貓咪的地方，就被稱為「貓咪中途之家」。貓咪中途之家有時也被稱作「中途貓咪收容所」，具體來說包括各縣市政府的公立收容所、動物之家或是民間的非營利動保組織所經營的機構，目前這些機構的數量也有增加的趨勢。

在貓咪中途之家可以讓貓咪和理想的飼主進行媒合，特別是近年來，有愈來愈多的人會去貓咪的中途之家認養新貓咪。

POINT

- 貓咪對飼主有療癒的效果
- 貓咪的飼養隻數持續增加
- 貓咪中途之家的數量逐漸增加，同時也有愈來愈多的人會去那裡認養新貓咪

03 雖然想要和眾多貓咪一起生活，但是……

在決定飼養多隻貓咪之前，請先仔細思考自己是否能維持愛貓的生活品質

貓咪的 QOL（生活品質）

飼養貓咪的同時也伴隨著責任

所謂「QOL」，是「Quality Of Life」的縮寫，直接翻譯過來就是「生活品質」、「生命品質」的意思。生活品質是評估生命過程中滿足程度的一個指標，其中的含意包括了是否能感覺到活力、幸福的整體感受。在人類的醫療世界裡，是一個經常會使用在長期患有疾病或高齡者等對象的詞彙，而考慮到其含意，貓咪的飼主對於愛貓其實也負有盡力讓貓咪過著「高 QOL 生活」的責任。

此外，多貓家庭需要考慮的「我家貓咪可以跟其他貓咪一起幸福生活嗎」，這一點雖然眾說紛紜，但至少有件事可以確定，那就是有的貓咪在個性上的確就是喜歡獨來獨往，所以要飼養多隻貓咪之前，一定要確實考慮到貓咪的個性。

MEMO

貓咪生活品質的要素

與貓咪生活品質有關的幾個要素如下：
- 心理上沒有壓力的生活
- 身體上沒有疼痛的生活
- 很好吃的食物
- 與喜歡的飼主一起共度的時間
- 能安心睡覺的環境
- 能讓心情放鬆的地方

失控的動物囤積現象

最近，寵物的「動物囤積現象」逐漸成為了社會問題。所謂動物囤積，是指寵物的飼養數量多到無法維持寵物的生活品質，同時飼主在經濟上也難以負荷、變得無法飼養寵物的情況。而貓咪的繁殖力不弱，有不少的動物囤積問題就是發生在貓咪身上。

一旦有寵物囤積的情況，不只會對住家附近的鄰居或當地政府造成極大的困擾，這種案例愈來愈多的話，還可能讓社會對貓咪產生不好的觀感。所以如果飼主考慮要變成多貓家庭的話，請務必要清楚了解到這個問題。

MEMO

動物囤積者

美國將大量囤積動物導致飼養環境惡劣的飼養者稱為「Animal Hoarder（動物囤積者）」。Hoarder（囤積者）這個詞彙主要是用在不斷收集物體且無法丟棄的精神病患者身上。而動物囤積者的定義，則包括了「持續飼養著大量的動物」、「無法為動物提供最低標準的營養、環境衛生與醫療照顧」、「無法處理動物生存狀況的惡化」、「無法處理環境的惡化」、「無法認清這種狀況已經對本人或同住家人的健康與幸福產生了負面影響」等。

與流浪貓咪的關係

對愛貓人士來說，流浪貓也是非常可愛的動物。不過一旦流浪貓的數量增加過多，有時也會對當地造成問題。由於有部分的地方政府規定不得餵養流浪動物，所以在路上遇到流浪貓咪時，請不要只是因為「好可愛」就拿食物或零食去餵養牠們。另外，如果看到貓咪耳朵上有剪耳的痕跡，那是志工們為了減少流浪貓咪的數量而對貓咪進行結紮手術的記號。

耳朵上的 V 型切口是貓咪已經接受過結紮手術的記號。因為這樣的耳朵外型類似櫻花，所以這些剪耳的貓咪有時也被稱為「櫻花貓」。

POINT

● 在決定飼養更多隻的貓咪之前，要考慮到貓咪的生活品質。
● 寵物飼養數量過多會造成社會問題。

04▸貓咪為什麼要舔舐身體？

貓咪的舌頭表面粗糙，可以代替梳子達到理毛效果。互相舔舐更是信賴對方的證據

🐾 貓臉的特徵與機能

　　貓咪擁有和人類身體不同的特徵與機能，了解到這些知識對於和貓咪一起幸福生活也會有所幫助。這裡就來介紹牠們身體上的特徵，其中之一就是貓咪的舌頭表面十分粗糙。而貓咪之所以會舔舐自己的身體，就是利用自己的舌頭代替梳子在進行清潔和理毛工作。

眼睛
貓咪眼睛的顏色可能是綠色或黃色等各種顏色，與人類相比，貓咪可以看到很遠的地方，但卻不容易看清楚近處的影像。牠們在暗處也可以清楚視物，但卻無法清楚區別顏色。

不要剪掉貓咪的鬍鬚！

耳朵
貓耳可以往發出聲音的方向轉向，貓咪的聽力十分優秀，據說是狗狗的兩倍，人類的 6 ～ 10 倍。

鼻子
貓咪的鼻子會適度地保持溼潤，牠們的嗅覺十分優秀，雖然比不上狗狗，但捕捉氣味的能力高於人類。

鬍鬚
貓咪的鬍鬚可以幫助自己「維持身體姿勢的平衡」、「遇到狹窄的地方判斷自己是否能夠通過」，所以飼主們請記住不要剪掉貓咪的鬍鬚。

嘴巴
貓咪的舌頭表面很粗糙，這是為了能將獵物身上的肉剝下來才演化成這種型態，也可用來梳理自己的毛髮。牙齒則很銳利。

貓咪的身體能力很強大，可以跳上很高的地方，也可以從很高的地方跳下來。因此在多貓家庭中，設計一個能讓每隻貓咪充分運動的垂直空間，也是飼養上的一大重點。

體型
貓咪的身體柔韌且肌肉發達，擁有很強的運動能力，可跳上 1.5～2m 的高處。

爪子
貓咪在剛出生的那段期間爪子會維持在伸出來的狀態，不久之後會變成能夠伸縮自如。數量方面每隻前腳有五根爪子，每隻後腳則是四根爪子（部分貓咪可能會有更多根）。如果是多貓家庭的飼主，請記得要幫貓咪剪趾甲以免抓傷其他貓咪。

尾巴
貓咪尾巴的長度與粗度因貓種或個體的不同而有各式各樣的形狀，貓尾能夠自由地活動，並且可以幫助貓咪在跳上跳下的時候維持平衡。另外，某些貓的尾巴天生就是彎折的狀態，這種尾巴被稱為「麒麟尾」，有些人還認為「麒麟尾可以帶來幸福」。

●在降落時也可以調整姿勢

貓咪即使從高處跳下來時，也可以瞬間調整身體姿勢而平安落地。那麼，貓咪要在多少以內的高度才能平安落地呢？答案眾說紛紜，一般認為大概在 6～7m 的高度以內落地才不會受傷。不過，即使是在室內，也經常會有貓咪「跳得上去卻跳不下來」的案例發生，所以打造一個安全且不會讓貓咪感受到壓力的飼養環境真的非常重要。

MEMO

互相舔舐是彼此信賴的證明

在多貓家庭裡，經常可以看到貓咪們互相舔舐對方。相對於舔舐自己身體進行理毛的「自我梳理（self grooming）」行為，互相舔舐對方的行為則是叫做「相互梳理（allogrooming）」。

相互梳理是一種信賴彼此的證明，也可以做為判斷貓咪與同伴之間感情是否良好的指標。

POINT

● 深入了解貓咪的相關知識有助於和貓咪一起幸福地生活。
● 貓咪擁有與人類不同的身體特徵與機能，例如粗糙的舌頭表面可以用來梳理毛髮。

05▸貓咪大概可以活到幾歲？

貓咪平均壽命約為16歲。飼主有責任照顧牠們到終老，所以飼養前也要考慮自己生活上的變化

🐾 貓咪的成長階段

3個月大的貓咪等於人類的10歲

　　如果從貓咪的角度來思考的話，多貓家庭是什麼樣的景況呢？這裡就來介紹一下多貓家庭中貓咪這種生物的生態。

　　首先是貓咪的成長階段。

　　一般來說，貓咪出生後的第1年相當於人類的18歲，到了兩歲時，則已經相當於人類的24歲了。而飼養在室內的貓咪，平均壽命大約為16歲。

　　由於新貓咪在加入多貓家庭時，其成長階段也會影響到貓咪們之間的相處情形，所以飼主最好要事先了解貓咪的成長階段唷！

　　還有，基本上只要飼養了貓咪飼主就必須負起責任陪牠們一起生活到終老，所以請先考慮好自己未來可能會遇到的結婚或轉換工作等人生變化，再做決定是否要飼養新的貓咪。

➡不同成長階段之貓咪同伴的相處情形，請參考第43頁的詳細資訊。

●貓咪與人類年齡的比較

貓咪的年齡	相當於人類的年齡	貓咪的年齡	相當於人類的年齡	貓咪的年齡	相當於人類的年齡
1個月	4歲	4歲	32歲	12歲	64歲
2個月	8歲	5歲	36歲	13歲	68歲
3個月	10歲	6歲	40歲	14歲	72歲
半年	14歲	7歲	44歲	15歲	76歲
9個月	16歲	8歲	48歲	16歲	80歲
1歲	18歲	9歲	52歲		
2歲	24歲	10歲	56歲		
3歲	28歲	11歲	60歲		

一般飼養在室內的貓咪平均壽命約16歲（以人類的年齡來看相當於80歲），往下換算的話，每1年相當於人類的4歲

公貓與母貓的差異

和我們人類一樣，貓咪也是有著各式各樣的個性，因此下面所提及的公貓與母貓之間的差異，只能算是很一般性的傾向。

《身體上的差異》

● 公貓的體型比母貓更大，體重也更重。

《性格上的差異》

● 公貓十分活潑，同時還有很愛撒嬌的一面。而母貓則大多個性比較溫厚且成熟。

《行為上的差異》

● 未結紮的公貓到了發情期時會有「噴尿行為」，而未結紮的母貓則會在發情期發出特有的大聲貓叫，俗稱「叫春」。

➡ 有關噴尿行為請參考第 23 頁的詳細資訊。

貓咪的主要活動時間

貓咪是一種經常在睡覺的動物，也因此有一種說法認為貓咪的日語發音 neko，就是源自於「愛睡的孩子（「寢子」，日文發音同樣為 neko）」。成貓一天平均約有 16 個小時在睡覺，幼貓則是 20 個小時。

那麼貓咪醒來的時段是什麼時候，是晝行性還是夜行性動物呢？答案是都不是。貓咪主要活動的時間其實是日出及日落前後的清晨及黃昏時段，這樣的動物稱之為「晨昏性動物」。

不過，大多數和人類一起生活的貓咪通常都會去配合飼主的作息，所以即使飼主沒有意識到「貓咪其實是晨昏性動物」，貓咪也不太會因此而感受到壓力。

ＰＯＩＮＴ

● 貓咪成長的速度比人類還要快，平均壽命大約為16歲。
● 公貓與母貓在性格上會有些許差異，母貓的個性通常會比較溫厚。
● 流浪貓的主要活動時間是在日出及日落的前後時分。

第1章　與貓咪一起幸福生活的要點【貓咪的生態】

06 貓咪喜歡集體行動嗎？

貓咪原本就是為了食物會去單獨狩獵的動物，所以比起集體行動更喜歡單獨行動

集體行動與單獨行動

動物通常都有喜歡單獨行動的傾向

如果貓咪原本的行為模式本來就是集體行動，而且是在群體中生活的話，那麼多貓家庭對牠們來說其實更加貼近自然的環境。

若是去觀察流浪貓的話，會發現公貓通常喜歡單獨行動，而母貓則大多喜歡集體行動。不過這一點還是會受到貓咪本身的個性以或食物來源等環境的影響，因此即使是母貓也有喜歡單獨行動的。

此外，即使是群體生活，貓咪也不會一直待在一起，大多數時間裡牠們還是會為了食物而各自行動。

相反地，有些流浪狗則是為了食物而採取集體狩獵的方式，所以與狗狗相比的話，貓咪可以說是喜歡單獨行動的動物。

幼貓會集體行動

不論是什麼個性的貓咪，在幼貓時期都是過著集體行動的生活。以流浪貓咪來說，牠們在出生之後會與母貓及同胎兄弟姐妹一起生活3個月到1年左右。另外，一般情況下貓爸爸並不會照顧自己的孩子。

MEMO 山貓是單獨行動的動物

比流浪貓更加遠離人類、生活在自然環境下的山貓，基本上都會劃定自己的地盤獨自生活。而同樣屬於貓科動物的獅子，在自然環境下則是過著「一頭公獅加上數頭母獅」的群體生活。

貓咪是會劃定地盤的動物。以流浪貓為例，牠們的地盤大小約為半徑 50m～2km。由於牠們會為了尋找食物而活動，所以如果食物資源豐富的話活動範圍就會比較小，食物資源不足時活動範圍就會比較大。

而飼養在室內的貓咪經常會在家裡四處巡邏，是因為家裡就是貓咪的領地，牠們要確認領地內的安全。

核心領地（Home territory）與狩獵領地（Hunting territory）

「核心領地（Home territory）」也是一個與貓咪地盤有關的詞彙，雖然因為還是比較新穎的詞彙所以大家的解釋都不太一樣，不過一般而言指的是貓咪會拿來睡覺的生活據點所在範圍。相對地，貓咪為了覓食而移動的較大範圍就稱為「狩獵領地（Hunting territory）」。以飼養在室內的家貓來說，窗邊或沙發等貓咪喜歡的地方，還有睡覺區、用餐區等經常待著的地方就可以稱作是核心領地，有些貓咪會很討厭其他貓咪進入牠們的核心領地，即使是一起生活的同伴也一樣。

MEMO

什麼是噴尿行為？

「噴尿行為」也是一個飼主應該要知道的詞彙，指的是貓咪將氣味重的尿液噴在牆上的行為。這是一種宣告領地的標記行為，在未結紮的公貓身上特別容易出現。雖然大多數的貓咪在結紮之後就不再會有噴尿行為，但在有些做過結紮手術的公貓或母貓身上依然可以觀察到。

POINT

● 貓咪比較喜歡單獨行動。
● 貓咪會劃定自己的地盤，而且有些貓咪很討厭讓別的貓咪進入自己的地盤。

07▸貓咪好不好養與品種有關嗎？

貓咪有多個品種與類型，體型大小或是貓毛的長短也關係到能否妥當地飼養

貓咪的種類

純種貓咪有40種以上

　　不同品種的貓咪雖然體型大小會有所差異但不會差異太大，而且雖然有各式各樣的品種，但也不會像狗狗一樣那麼受到關注，其中有些品種的特徵甚至只是四肢長短或尾巴形狀的不同。

　　此外，除了貓咪的品種之外，也有像「三毛貓」、「麒麟尾」等描述外觀特徵的詞彙。被毛（生長在體表的毛髮）長短等不同品種的特徵是飼養時需要注意的重點，了解到這些描述特徵的詞彙，在尋找適合的貓咪時也可以透過這些詞彙先有個大致的印象。

🐾每個品種的特徵

　　「純種貓」指的是依據各個貓咪品種的相關規定（血統）而培育出來的貓咪，換句話說，擁有「血統書」的貓咪就是純種貓，世界上最大規模的純種貓登錄機構 CFA（美國愛貓者協會）就登錄了 40 種以上的貓種，其中像是「蘇格蘭摺耳貓（Scottish Fold）」，就是很受歡迎的純種貓。至於不同貓種交配後生下的貓咪，就叫做「混種貓」。

【當紅純種貓與特徵】

蘇格蘭摺耳貓／特徵是明顯向前彎折的耳朵（但其中也有貓咪耳朵沒有向前折），個性通常比較乖巧溫和。

曼赤肯貓（Munchkin cat）／是一種腿短的貓咪，活潑好動、走路的樣子很可愛。

美國短毛貓（American Shorthair）／俗稱「美短」，有多樣化的毛色，在個性上通常比較獨立自主。

貓咪的類型

這裡介紹幾個與多貓家庭飼養有關的貓咪類型。

首先是有關貓毛長短的「長毛貓」與「短毛貓」。一般來說短毛貓比較不容易掉毛，在梳毛等被毛上的護理工作上也比長毛貓更為簡單。

貓咪的體型大小

不同品種或類型的貓咪在進入成貓階段後，體型大小就會出現差異。一般而言公貓的體型比母貓還大，成貓的體重大約為 3 ～ 5kg。其中也有只有 2kg 左右的貓咪，或是重達 8kg 的大型貓咪。如果飼養的是大型貓咪的話，就需要有更大的飼養空間，同時也要設置足夠的貓爬架給牠們活動。

在貓咪的品種中，「緬因貓」和「挪威森林貓」是眾所皆知的大型貓種。此外，體型的大小通常與遺傳有關，所以如果父母的體型偏大的話，那生出來的幼貓也會比較大隻。

形容貓咪特徵的用語

在形容貓咪的特徵時，經常會利用牠們的毛色或花紋來形容。例如經常聽到的「三毛貓」指的是同時擁有黑色系、棕色系與白色三種毛色的貓咪，而並不是表達貓咪品種的精確用語。舉例來說，蘇格蘭摺耳貓之中也有三毛貓。

【代表性的毛色與花紋】
三毛貓／擁有黑色系、棕色系與白色三種毛色的貓咪，也被稱作三花貓（calico cat）。
純色貓／全身只有單一的一個毛色且沒有花紋。
虎斑貓（tabby）／全身被毛呈現條紋狀的花樣。

「虎斑」是指條紋狀的花樣

POINT

● 貓咪有各式各樣的品種，並且有著不同體型大小或被毛長短的個體差異。
● 主要配合貓咪在身體方面的特徵選擇更適合的飼養方法。

08▸要準備多少經費在飼養的準備工作上？

為了打造愛貓能夠幸福生活的環境需要一定的費用，決定養貓之前也要考慮經濟因素

貓咪本身的費用

要考慮好經濟層面再決定是否要組成多貓家庭

在飼養新貓咪之前，有一個很重要的現實問題需要先了解，那就是飼養貓咪所需的必要花費。飼養貓咪是一件很花錢的事，所以並不是光覺得「自己很喜歡貓咪」就可以給貓咪幸福的生活。

首先，在如何收編貓咪方面可參考第 38 頁的詳細說明，除了向寵物店或繁殖業者購買需要花錢之外，在跟貓咪送養機構認養貓咪時，根據各機構的規定，也有愈來愈多的情況是飼主需要支付 3～6 萬日圓左右的費用。❶

另外，以營利為目的的動物活體販賣需要取得許可證，依規定沒有許可證的人不得販售。

➡貓咪的收編方式可參考第 38 頁的詳細資訊。

❶ 在台灣，有部分動保團體或私人在送養貓咪時，會希望飼主支付新台幣 3000 元左右的動保資助費用，或是已實際花費在貓咪身上的醫療或結紮費用。

MEMO

貓咪中途設施與領養費用

貓咪的救援活動是需要花錢的，儘管各情況不同，但若是簡單以救援一隻在戶外發現的幼貓為例，一開始就必須支付結紮手術及疫苗注射等大約 2 萬日圓（相當於新台幣 4500 元）的初期醫療費用❷。此外，還有貓咪每天的伙食費與中途設施的房租及水電費，因此每隻貓咪每個月大約需要花費 3 萬日圓（相當於新台幣 6500 元）的費用。很多人會覺得「這些費用可以用政府部門的補助費用來支付吧」，但實際上並非如此。因為大多數的工作人員都是志工性質，在經費上也十分拮据，因此送養時所收取的費用幾乎都是直接用來維持營運。

❷ 在台灣，一般為新台幣 3000 元左右。

若想與愛貓一起生活，就必須為牠們打造出一個貓咪不會感受到壓力的環境，而這些都需要一定的費用。

　　而在多貓家庭中，有些東西是貓咪同伴可以一起共用的，有些則不行，這就表示飼主需要為新貓咪準備新的用品。而貓咪用品的能夠共用與否取決於飼養型態，舉例來說，一般認為家中的每隻貓咪最好都要有其專用的貓食碗，但也有老經驗的飼主會因為空間等問題而覺得「大家都用同一個碗就好」。

飼養貓咪所需要的用品及預估金額

必要程度	項目	重點	金額
絕對必要	貓食碗	• 不少有經驗的多貓飼主會為每隻貓咪準備專用碗。 • 日本百元商店也買得到。	100日圓以上（台灣市價約20元以上）
	貓水碗	• 日本百元商店也買得到。	100日圓以上（台灣市價約20元以上）
	貓砂盆	• 基本上要準備「貓咪隻數＋1」個貓砂盆。 • 也可以利用碗盤的瀝水籃等物品來製作。	1000日圓以上（台灣市價約250元以上）
	貓抓板	• 是維持貓咪生活品質的必須用品。 • 大多數的多貓家庭可以共用。	800日圓以上（台灣市價約300元以上）
	外出籠	• 除了帶貓咪去動物醫院等地方時需要之外，平常也可以當作貓咪的睡窩。 • 多貓家庭的話最好每隻貓咪都有一個。	3000日圓以上（台灣市價約500元以上）
大多需要	貓爬架	• 特別是多貓家庭，因為需要解決運動不足的問題所以非常需要貓爬架。	4000日圓以上（台灣市價約1000元以上）
	貓籠	• 市面上有販售三層或不同層數的挑高貓籠。 • 特別是多貓家庭有時候會有貓咪同伴間無法分開飼養的情況，所以十分需要這種貓籠。	6000日圓以上（台灣市價約2000元以上）
	防逃柵欄	• 特別是多貓家庭，因為有些貓咪會在飼主專心照顧其中一隻貓咪時趁隙跑掉，所以十分需要。	5000日圓以上（台灣市價約1000元以上）
最好幫貓咪準備	床鋪	• 除了市售貓床，也可以利用軟墊做為愛貓的床鋪。	2000日圓以上（台灣市價約200元以上）
	貓咪美容用品	• 市面上販售多種寵物美容用品，價格落差也很大。 • 用品有各種類型，每隻貓咪適合的也不一定相同。	700日圓以上（台灣市價約100元以上）
	玩具	• 每隻貓咪喜歡和不喜歡玩的玩具都不太一樣。 • 日本百元商店也買得到。	100日圓以上（台灣市價約50元以上）
	項圈	• 如果貓咪不小心逃走的話，一眼就可以看出貓咪有沒有人飼養。	600日圓以上（台灣市價約150元以上）

POINT

● 想要飼養貓咪就需要打造出適合的飼養環境，而這些都需要花費一定的金額。

● 在迎接新的貓咪之前請確實考慮好經濟層面的負擔。

09→貓咪的伙食費大約需要多少？

雖然花費會因為貓食的種類而異，不過若包括零食，貓咪伙食費1年大概要花3～6萬日圓❸

伙食費

貓咪的伙食費1年最少要估算12000日圓

基本上飼養貓咪最需要花錢的地方，就是伙食費。

伙食費取決於選擇的食物種類以及愛貓的食量，例如 2kg 2000 日圓的貓乾糧❹，每天吃 50g 的話，一天的伙食費就是 50 日圓，一個月的伙食費大約為 1500 日圓。此外，貓咪的食物除了貓乾糧之外，大部分飼主偶爾也會再加一些零食或溼食，這樣一來費用就還會更高。例如最近很受歡迎的小分量條狀肉泥，一條就大概要 40 日圓左右❺，而罐頭類的溼食一罐則要 80 日圓左右❻。❼

❸ 依近期匯率約合新台幣 7000 ～ 14000 元。
❹ 台灣的貓乾糧價格每 kg 約 250 ～ 500 元。
❺ 台灣一條約 15 元。
❻ 台灣的貓罐頭平均價格約 65 元。
❼ 台灣方面，包括乾糧、罐頭、鮮食或零食等等，貓咪一個月的伙食費大概 500 ～ 2000 元。

🐾貓咪 1 年的伙食費

根據東京都福祉保健局的統計資料（2017 年版）顯示，回答貓咪全年伙食費在「3 ～ 6 萬日圓」的人為最大宗，佔全體貓咪飼主的 31.3%，其次是「1 ～ 3 萬日圓」佔 28.0%，再來就是「6 ～ 10 萬日圓」，佔了 11.4%。

由於每隻貓咪每月伙食費最少也要 2000 日圓左右，所以 1 年要花費的伙食費最好估算約 24000 日圓。❽

❽ 台灣方面，若一個月的伙食費以最低 500 元估算的話，一整年的伙食費最低也要大約 6000 元。

MEMO
處方食品也是可能的必需品之一

新飼養的貓咪如果是幼貓的話，就必須給貓咪幼貓專用的食物。而若是因為某些狀況而必須飼養還未斷奶的幼貓時，還必須準備奶瓶及幼貓專用奶（市面均有販售）。此外，有些貓咪可能會因為健康上的問題而必須使用處方食品，這方面也會有一定的花費。

伙食費以外的費用

除了伙食費之外還有一項不能忽略的費用，那就是醫療費。即使貓咪的健康狀態良好，為了預防傳染病，最好還是定期為牠們施打疫苗，費用大約為3000～7500日圓[9]。如果貓咪生病或受傷的話，還有醫療費的開銷。根據東京都福祉保健局的統計資料（2017年版）顯示，回答貓咪全年醫療費在「1～3萬日圓」的人為最大宗，佔全體飼主的32.7%。

[9] 在台灣，依照《台北市獸醫師公會診療收費標準》，貓咪的疫苗約900～1500元。

貓砂也是一個開銷

養貓還有一個花錢的地方就是必須定期更換貓砂盆裡的貓砂，如果以合理價位來估算的話，一個月大概要1000日圓左右[10]。另外第27頁介紹的貓抓板也需要定期更換。

[10] 台灣方面，最便宜的貓砂一個月大約要350元。

MEMO

電費也要考慮在內

電費也是飼養貓咪會有的開銷之一。在不同的地區或飼養環境下，有些飼主即使不在家也會為了貓咪在夏天開冷氣、冬天開暖氣，所以這一部分的電費也是一項開支。

在養貓第1年會支出的費用

飼養貓咪要花多少錢完全要視情況而定，根據貓咪的健康狀態、飼養環境以及飼養方式，都會產生不同的開銷。右邊所列的項目，是已經養了一隻貓咪的情況下再收編一隻成貓後，在第1年可能會有的開支。假設飼養10年，每年在伙食費上支出8萬日圓的話，10年就要支出80萬日圓的費用。

【新收編貓咪需要支出的費用】

※在已養一貓的情況下再收編一隻成貓，第1年支出約有：

- 貓咪＝40,000日圓（從中途之家認養）／台灣約3000元
- 購買貓咪用品＝15,000日圓（貓餐碗、外出籠、貓籠）／台灣約3000～5000元
- 伙食費＝40,000日圓（包含零食等）／台灣約6000～24000元
- 醫療費＝20,000日圓／台灣約5000元
- 其他＝20,000日圓（貓砂、貓抓板等用品）／台灣約5000元

合計　135,000日圓／台灣約30000元

POINT

● 飼養貓咪所需的花費視情況而定，粗估下來包括伙食及醫療費用等每隻貓咪1年約需花費8萬日圓。[11]

[11] 台灣約3～4萬元。

打造貓咪的生活環境

10 ▸ 怎麼樣才算是貓咪能夠舒適生活的環境？

要站在貓咪的立場來打造適合的環境，例如保持貓砂盆的清潔、設置貓咪專用的空間等

打造貓咪舒適生活的空間

貓砂盆與貓咪吃飯的地方要隔開

對貓咪而言，屋內就是牠們幾乎一輩子都在這裡生活的重要空間，因此為牠們打造出一個能夠舒適生活的房間，是飼養貓咪不可欠缺的要素。

另外，這裡所介紹的只是打造貓咪舒適空間的基本重點，一貓家庭及多貓家庭都能適用。但如果是多貓家庭的話，還有需要飼主更進一步注意的重點。

➡ 打造多貓家庭舒適空間的詳細資訊，請參考第 50 頁。

【打造貓咪舒適空間的重點】

① 保持貓砂盆的清潔／維持貓砂盆的清潔狀態，並與貓咪吃飯的地方相隔一定的距離。

② 設置貓咪專用的空間／放置貓窩或是貓籠，讓貓咪有個能安心放鬆的地方。

③ 放置貓抓板／貓咪是需要磨爪的動物，因此房間內要放置相應的用品。

④ 將室溫維持在舒適的溫度／對貓咪來說20～28℃是最舒服的溫度，可利用空調等工具儘量維持在這樣的溫度。

⑤ 給貓咪垂直運動的地方／貓咪喜歡高處，而且垂直運動也能消除運動不足的問題，因此房內記得要設置貓爬架等用品。

在幫貓咪布置生活空間時，有幾個「需要刻意避免」的重點要特別注意。例如家用電器的電線，如果隨意放置沒有收好的話，貓咪可能會去咬壞電線讓家電無法使用，有些情況下貓咪甚至可能會觸電。

【布置房間時需要特別注意的重點】

① 電線的擺放位置／家用電器的電線可能會造成危險，所以平時要特別注意，確實採取「沒有使用的時候要收好」、「隱藏在地毯下」等措施。

② 觀葉植物／有些種類的觀葉植物對貓咪具有毒性，購買前請先跟觀葉植物的販賣業者確認清楚。

③ 室內擺設等物品要固定好／包括觀葉植物在內的室內擺設或是屋內其他裝飾用的雜貨，如果沒有固定好的話，很容易被貓咪弄倒。尤其是大型擺設在貓咪跳上跳下的時候倒下來的話，更是有可能讓人或貓咪受傷，因此把家中的擺設確實固定好避免傾倒是最基本的工作。

MEMO
放養是過去的飼養方式

在過去，有些飼主會採取把貓咪飼養在屋外或是讓牠們自由散步的飼養方式。這種飼養方式一般稱為「放養」。雖然在某些地區或是因為飼主生活型態的關係，至今仍有被放養的貓咪存在，但由於社會的變化，目前室內飼養已經逐漸變成最一般的飼養方法。根據日本環境省《住宅密集地區犬貓之正確飼養指南》內容，有關貓咪的飼養方式已明確記載為「貓咪基本上應飼養在室內」。

NG 不要責罵貓咪

為了和貓咪一起幸福地生活，基本上每件事應以「貓咪為優先」進行考量。舉例來說，如果貓咪把裝飾的雜貨弄掉並且弄壞的話，請不要覺得「貓咪又在給我搗亂了」而去責罵牠，而是應該思考「自己是不是不應該把東西放在那個地方」。

另外，有些地方如果不想讓貓咪靠近的話，市面上也有販售「嫌避噴劑」可以利用。

POINT
● 諸如「隨時保持貓砂盆的清潔」等，飼主需要用心幫貓咪打造能夠舒適生活的房間。
● 電線等可能造成危險的物品，請在發生問題之前規畫好預防措施。

11 ▶遇到流浪貓時怎麼辦？

由於沒有一定要用牽繩牽住貓咪的規定，所以首先應該仔細確認牠是否真的是流浪貓

如果覺得貓咪是流浪貓的話……

首先要仔細確認貓咪是否真的是流浪貓

過去由於流浪貓的數量比較多，有些飼主之所以開始了多貓家庭的生活，就是因為「撿到了流浪貓」。但是根據日本環境省發布的各地方縣市「貓咪認養數量變化」的資料顯示，1989 年約為 34 萬隻，到了 2020 年則約為 45000 隻，雖然只看數字並不能代表一切，但綜觀來看，近年來流浪貓的數量的確有減少的現象。不過這並不代表完全沒有被丟棄的貓咪了，而做為愛貓人士，看到流浪貓的時候也不可能坐視不管，所以，當我們看到流浪貓的時候，應該怎麼做才好呢？

發現流浪貓時首先要做的事

當你看到貓咪並覺得對方是流浪貓的時候，首先應該要做的，是先仔細確認這隻貓咪是否真的是流浪貓。因為貓咪說不定是生活在當地的街貓、出來散步的家貓、或者是走失的貓咪。

【判斷是否為流浪貓的要點】

- 有沒有項圈或牽繩／有配戴項圈的貓咪通常有人飼養，另一方面，也有原飼主把貓咪用牽繩繫在電線桿上棄養的案例。
- 貓咪所在位置的情況／尤其是幼貓，原飼主把幼貓放在紙箱內棄養的情況並不少見。
- 貓媽媽在不在／如果發現的貓咪是已經發育到某種程度的幼貓，表示牠們有食物可吃並且有受到保護，這代表牠們身邊有貓媽媽照顧的可能性很高，所以請先確認一下周圍環境看看貓媽媽在不在。
- 貓咪的健康狀態／如果貓咪的毛髮有光澤、看起來很健康的話，很可能是有人飼養的貓。另一方面，如果貓咪的體型過瘦或是有明顯健康問題的話，就需要救援了。

棄養犬、貓等飼養中的動物，會因違反日本動物保護法，以「遺棄動物」罪處以1年以下有期徒刑或100萬日圓以下的罰金[12]。當我們發現到流浪貓時，基本上應先通報當地警察，如果貓咪是走失的話，也可以暫時請警察保管。

此外，如果看到「雖然看起來好像不是流浪貓但受傷了不能動」的貓咪時，可以聯絡當地的動物保護處（或動物防疫所，各地區的動保機關名稱可能不同）協助。

[12] 台灣方面，動物保護法規定飼主不得棄養飼養之動物，否則將處新台幣3萬元以上15萬元以下罰鍰。

🐾與警察聯絡後的處理方式

在與警察確認完畢之後，不同狀況下可能有不同的處理方式。

假設當場就決定收編這隻貓咪的話，可以先向警察通報拾獲物（日本的法律認定貓咪為「物」，台灣亦同。）或聯絡當地的動物防疫所或動物保護處。

如果這些機關沒有給予特別指示，接下來就是盡快帶貓咪去動物醫院，因為即使貓咪的外觀看起來是健康的，但牠仍有可能有健康上的問題，所以必須先接受健康檢查。之後就是與先前聯絡過的防疫所（動保處）或幫貓咪檢查的獸醫師洽談，同時開始與貓咪一起生活了。

MEMO
狗狗與貓咪的不同

大多數地區的自治條例都有規定狗狗外出時「必須要採取防護措施」，以避免狗狗脫逃或者是對其他人造成傷害，因此狗狗外出時一定會繫著牽繩（「防護措施」是指飼主應將狗狗牽在身邊）。所以當我們看到狗狗獨自走在路上時，通常很可能就是走失的狗狗或是流浪犬。另一方面，由於貓咪沒有「必須繫牽繩」的規定，也因此導致我們不容易判斷對方是不是流浪貓。[13]

[13] 台灣方面，以《台北市動物保護自治條例》為例，規定有「寵物飼主攜帶寵物出入公共場所或公眾得出入之場所，應使用鍊繩、箱籠或採取其他適當防護措施」，而犬、貓均包含在寵物之內。

POINT

● 發現流浪貓咪時，首先要仔細確認對方是否真的是流浪貓。
● 如果覺得看到的貓咪很可能是流浪貓時，請先聯絡當地的警察。

第1章 與貓咪一起幸福生活的要點【遇到流浪貓咪時】

12 ▸日本從很久以前就有貓咪存在了？

家貓在日本的歷史十分長久，一般認為從西元前貓咪就已經開始與人類一起生活了

家貓在日本的歷史

從西元前就開始了

並不是「日本人特別喜歡貓咪」，而是因為貓咪在全世界都是深受人們喜愛的動物。從日本國內家貓與人類的歷史來看，過去認為日本人與貓咪一起生活是從西元 6～7 世紀開始的，不過由於 2011 年長野縣壹岐市 Karakami 遺跡的調查中有挖掘出疑似為家貓的骨頭，目前認為從西元前 2 世紀開始，日本人就已經跟貓咪一起生活了。

無論如何，日本人與貓咪之間的關係有著很漫長的歷史，所以如今的愛貓人士為了追求幸福的生活而想要飼養更多隻貓咪，或許也只是很自然的想法吧！

具有代表性的日本貓咪

在貓咪品種中帶有日本（Japan）名稱的，有一種名為「日本短尾貓（Japanese Bobtail）」的日本本土貓種，而尾巴很短就是「日本短尾貓」的特徵之一。其他還有「日本貓」這樣的詞彙，指的是自古以來生活在日本的貓咪總稱，並非特定的貓咪品種，從血統方面來看其實就是「混種貓咪」。最近經常聽到的「米克斯」指的也是混種貓，不過一般來說，較常用於不同純種貓咪交配後生下來的貓咪。

MEMO

貓咪會招來幸福

貓咪經常被認為是能夠「招來幸福」的動物，例如日本廣為人知的裝飾品「招財貓」，就有一說認為源自於「貓咪理毛時的招手動作可以把幸福拉到身邊」（還有其他眾多說法）。

POINT

● 日本人與貓咪之間的歷史非常久遠，自古以來就一起生活了。

飼養新貓咪
該注意的重點

在決定要飼養更多隻的貓咪後，下一步就是與貓咪見面了。
特別是近年來有各式各樣的管道可以遇見貓咪，
所以可以考慮從這方面著手。在遇見喜歡的貓咪之後，
接下來就是先準備好貓咪的飲食與一起生活的空間，
然後就可以迎接貓咪入住了。

13▶自己到底該不該再養別隻貓呢……

一旦貓口增加，花費及照顧的時間也都會增加，在飼養多隻貓咪前要先仔細考慮

🐾 在決定養貓之前必須要考慮的重點

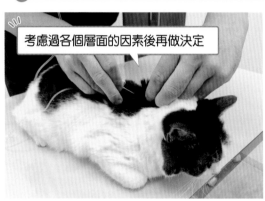

考慮過各個層面的因素後再做決定

貓咪是無可取代的生命，飼養貓咪就代表了家裡會增加了一個重要的家人，因此「沒有考慮到將來，只因為覺得可愛而衝動地決定養貓」是非常不可取的。

要想和貓咪一起幸福生活，需要打造出適合的環境，也需要花費不少金錢，所以在飼養之前，請先考慮好種種因素再下決定喔！

🐾 決定飼養之前應該要考慮的重點

先不說多貓家庭，就算是只準備養一隻貓，在飼養之前都要考慮到自己在生活上的變化以及其他因素。

【決定飼養貓咪前要考慮的事】

☐ 你可以陪牠一輩子嗎？／貓咪的平均壽命大約為16歲，不論飼主自己的生活出現什麼變化，都有陪伴貓咪到最後的責任。如果飼主本身的年事已高、在健康方面有所擔憂的話，為了避免萬一，請事先找好可以託付貓咪的地方。
➡貓咪的成長階段請參考第20頁的詳細資訊。

☐ 其他家人也願意和貓咪一起生活嗎？／事先確認好同在一個屋簷下生活的家人們是否願意和貓咪一起生活，同時也要確認好家人中沒有人「對貓過敏」。

☐ 經濟上都沒有問題嗎？／和貓咪一起生活會有不少開銷，在決定養貓前請仔細地重新檢視家中的經濟狀況。
➡飼養貓咪所需的費用請參考第26、28頁的詳細資訊。

☐ 住宅環境適合貓咪生活嗎？／與貓咪一起生活需要有一定的空間，另外有些「禁止飼養寵物」的公寓大廈則根本無法飼養貓咪。
➡多貓家庭理想的住宅環境請參考第50頁的詳細資訊。

多貓家庭比一貓家庭在飼養前有更多需要考慮的因素，重點是別忘了貓咪最需要的，就是「飼主的守護與疼愛」。

【決定飼養多隻貓咪前要考慮的事】

☐ 能否注意到貓咪同伴之間的關係？／就和我們人類一樣，貓咪與貓咪之間也有彼此個性是否相合的問題。此外，就算彼此感情不錯，偶爾也會有打起架來需要飼主介入的情況。

☐ 能否確實照顧到牠們的健康？／多貓家庭在貓咪的健康管理上更為複雜，例如當貓咪出現健康問題時，有可能就需要在每隻貓咪的飲食上分別進行調整。此外，貓咪之間的關係如果不夠融洽的話，也有可能對貓咪造成壓力，甚至導致健康出現狀況。

☐ 願意幫貓咪結紮嗎？／為了避免預期之外懷孕，比起單貓家庭，強烈推薦多貓家庭中的貓咪都要進行結紮手術。

➡貓咪的結紮手術可參考第59頁之詳細資訊。

☐ 附近的鄰居能接受貓咪嗎？／多貓家庭裡貓咪們經常會互相追逐打鬧，聲音有時候可能會傳到外面。此外有些人對於多貓家庭的印象也可能與一貓家庭不同，這一點也必須要注意。

MEMO

災害發生時如何避難

在決定變成多貓家庭之前，還有一件事要考慮，那就是災害發生時要如何避難。一旦發生大地震或水災時，飼主帶著貓咪一起避難是基本原則，然而飼養隻數如果很多的話，避難時也會比較麻煩。

POINT

● 在決定飼養貓咪之前，請先考慮過各個層面的因素後再做決定，例如「自己是否真的能一直陪伴著貓咪？」

● 比起一貓家庭，多貓家庭在貓咪的健康管理方面更是需要慎重考慮。

能夠與貓咪相遇的場所有很多，最近有愈來愈多的人都是從中途之家認養到貓咪

能夠與貓咪相遇的場所

有愈來愈多的人選擇貓咪中途之家

想要收編新的貓咪，有各式各樣的管道或方法可以遇見牠們。若是想要飼養特定的貓種，一般來說可以找寵物店或是該貓種的繁殖業者。不過比起愛狗的人，愛貓的人似乎比較不執著於貓咪的品種，所以最近也有愈來愈多的人會去找貓咪的中途之家認養。

●收編貓咪的管道

與貓咪相遇的場所	特性	貓咪的販售價格
寵物店	• 連鎖寵物店或大型購物商場內附設的寵物店為主流。 • 販賣的大多為純種貓，價格也比較貴。 • 店舖較多，自家附近也可能找得到。 • 歐洲（尤其是英國、德國及法國）幾乎看不到展示及販賣寵物的商店，基本上這些國家的寵物店販賣的都是寵物用品。即使是美國，販賣貓咪的寵物店也在逐漸減少中。	不同店舖及不同貓咪品種的價格各不相同，價格一般來說偏高。
寵物店	• 各貓舍一般都有固定繁殖的貓種，具備必要的專門知識，知道如何以適當的方式飼養該貓種。 • 在網路上搜尋「（想要飼養的）貓種、貓舍」等關鍵字可以輕易找到。	
貓咪中途之家、各縣市的動物保護處附設動物收容所	• 近年來有愈來愈多的人會去貓咪的中途之家認養貓咪。 • 各地方政府有時也會舉辦貓咪的送養活動。 • 有些機構會不定期地舉辦貓咪送養會。 ➡從貓咪中途之家領養貓咪的詳細資訊可參考第40頁。	有不少機構在送養時會要求認養人支付手續費或捐款做為救援醫療的基金。
貓咪認養網站	• 利用網路上的貓咪送養網站可以輕易找到在送養的貓咪。 • 有些動物醫院或超市的布告欄也會張貼貓咪送養的資訊。	沒有在地方政府進行登記的個人或團體，依法規定除了醫療等費用之外，不得收取以營利為目的的費用。
朋友、認識的人	• 日本國內有很多愛貓人士，多注意一點的話有時也可以得到「朋友（認識的人）在送養貓咪」的消息。	

雖然有各式各樣的管道可以收編貓咪，但其中特別要注意的就是在利用貓咪送養網站等需要私人之間進行對話的場合。

為了以防萬一，最好與對方提前簽署一份轉讓協議或領養契約書，是比較安心的做法。

從私人手裡領養貓咪之範例

雖然狀況可能有所不同，一般來說在送養網站認養貓咪的流程大致如下：

【從私人手裡認養貓咪之流程範例】

①在送養網站註冊

尋找可靠的送養網站，幾乎所有網站為了雙方的信用，都會要求送養人跟認養人需要註冊會員。

※ 若只是瀏覽的話，通常並不需要註冊會員。

②尋找喜歡的貓咪

在網站內利用關鍵字等方法搜尋喜歡的貓咪。

※ 有些送養條件會對認養人的年齡或住宅環境等項目有所要求，這一點也要注意。

③與張貼送養訊息的人聯絡

看中喜歡的貓咪之後，聯絡張貼送養訊息的人。

※ 詢問彼此想要知道的細節。

※ 基本上在網站內互相交流即可。

※事先檢視好認養合約書（網站上通常會備有範本）的內容。

④接走貓咪

與送養者直接碰面，將貓咪接走。

※認養合約書做成一式兩份，雙方各執一份。

MEMO

寵物專賣店也要確認

即使是販賣貓咪的寵物店，也要仔細確認對方「是否為可靠的店鋪」。日本在環境省的官方網站上有刊載「選擇動物販賣業者之注意事項」，主要內容摘錄如下：

【選擇寵物店之注意事項】

☐ 店內是否有懸掛記載有許可證字號之標示？[14]

☐ 工作人員是否配戴識別證？

☐ 籠子是否太過狹小或明亮？

☐ 沒有販售56日齡以下之幼貓？

☐ 店內是否清潔？

[14] 台灣動物保護法規定，經營特定寵物（犬、貓）之繁殖、買賣或寄養之業者，必須向直轄市、縣（市）主管機關申請特定寵物業許可證並依法領得營業證照。

POINT

● 除了寵物店之外，還有很多種管道可以遇見貓咪。

● 若要從私人手中認養貓咪，最好簽訂認養合約書比較讓人放心。

15 › 如何從貓咪中途之家領養貓咪？

要在貓咪中途之家領養貓咪，需先與工作人員面談後再與貓咪見面互動，通過試養期再正式領養

領養收容貓咪的意義

貓咪中途之家裡能飼養的貓咪隻數是有限的

包括動物保護中心等公家機關在內，貓咪中途之家也是收編貓咪的管道之一，近年來也的確有愈來愈多的愛貓之人，會去把收容的貓咪帶回家當成新的家人。日本地方政府營運的保健所（或動物保護中心），由於會對收容的動物施行安樂死的「撲殺處分」，從過去至今一直是一個問題，於是以日本環境省為首的行政機關與各地方政府，開始以「零撲殺」為目標展開各式各樣的活動，而撲殺數量也的確有在逐漸下降。儘管如此，目前依然未達到零撲殺的結果，現實情況是 2020 年日本國內所撲殺的貓咪數量，就達到了 19705 隻。❶⑤

而領養這些收容貓咪，把牠們帶回家照顧，將有助於減少動物的撲殺數量。

---

❶⑤ 台灣已於 2017 年起，全國公立動物收容所全面停止人道撲殺。

🐾 保健所與動物保護中心⑯

日本的保健所是由地方政府所設立的公家機關，負責當地居民的健康、衛生等防疫事宜，當動物造成各種問題時，則對動物進行收容及保護。⑰

另一方面，日本的動物保護中心也屬於公家機關，是基於《動物保護法》所成立，主要的業務為「動物保護」與「推廣動保觀念」。也就是說，動物保護中心是為了執行保健所業務中與動物有關的部分而特化出來的機關，近年來這些業務也已逐漸從保健所移交給動物保護中心。

---

⑯ 此為日本的政府機關名稱，與台灣編制不同。
⑰ 在台灣人類與動物的衛生主管機關不同，事涉動物的業務中央由農業部、地方由各地動物防疫所或動物保護處主管。

從貓咪中途之家領養貓咪的手續

貓咪中途之家除了公立的動物收容所之外，其他還有民間團體或協會等非營利組織營運的機構（一般來說「貓咪中途之家」指的是這種）。這些機構有著比較高的公正性，所以為了貓咪的幸福在領養上會設有比較多的條件，想要認養的人事前可先去官方網站仔細確認。

第2章

飼養新貓咪該注意的重點【收編貓咪的方式】

從貓咪中途之家認養貓咪之範例

不同的機構狀況可能有所不同，不過從中途之家認養貓咪的流程大致如下：

【從貓咪中途之家認養貓咪之流程範例】

①確認條件後申請

先確認好貓咪中途之家提出的條件，沒問題的話在機構的官方網站填寫申請表或問卷。另外也可以直接去該機構諮詢。

②與工作人員面談

與中途之家的工作人員面談，彼此確認領養條件及其他事項。

＊有些機構會要求認養人提供自家的照片。

③與貓咪互動

與認養名單上的貓咪們實際互動，看看彼此合不合得來。

＊在機構內如果已選中貓咪，接下來就是在各式文件上填寫必要資料。

④領養的準備工作

整理好家中環境、備好貓咪餐碗及防止他們跑掉的柵欄等養貓所需的用品。

＊在準備方面有問題的話可以用電話或郵件與貓咪中途之家內的工作人員確認。

⑤將貓咪接回家試養

將貓咪接回家成為新家人。很多機構會要求先試養約兩星期，確認彼此適不適合。

⑥正式領養

在試養期間如果都沒有問題的話就可以正式領養貓咪了。

＊大部分機構在送養後還會再追蹤一段時間，並熱心地提供相關支援。

MEMO

試養期間

認養中途之家的貓咪通常可以有一段試養的期間，與貓咪先實際一起生活看看，確認彼此是否合得來。如果是在寵物店購買貓咪的話，大多不會有這種試養的機會，可以說這也是向貓咪中途之家認養貓咪的一個優點。

POINT

● 去領養被收容的貓咪也具有社會意義。

● 許多貓咪中途之家都會在貓咪被正式領養之前設定一個試養期的制度。

16 ▶ 成貓與幼貓能夠相處融洽嗎？

雖然相處方式與個性有關，但實際上貓咪的親子關係非常好，成貓與幼貓間大多可以相處融洽

貓咪同伴之間的相合度

有的組合可以相處得很融洽

在開始飼養多隻貓咪時，大家最在意的問題，應該就是「新來的貓咪與原住貓之間可以和平相處嗎？」由於每隻貓咪都有牠自己的個性，所以這個問題的答案，只有「一起生活看看才知道」。

不過，一般來說，會有「相合度很好的組合」，也會有完全相反的「相合度很差的組合」。這些組合在決定收編新貓咪時，也可以拿來做一個判斷的標準。

MEMO 與相合度有關的實例

貓咪同伴之間的相合度，儘管有那種極端合不來的案例，但一般來說如果飼養的是兩隻貓咪，大多數問題都不會嚴重到那種地步。即使貓咪之間的感情沒有很好，通常也只會彼此互不干涉，各自以自己的步調生活。

貓咪之間的組合有各種不同的模式。

其中希望大家知道的基礎知識，是不同成長階段貓咪之間的相合度，例如成貓與幼貓的組合，就可以相處得很融洽。另外，這裡所說的只是大致上的分類，6個月齡以下的算幼貓，6個月齡到11歲之間算成貓，11歲以上的算是高齡貓。

➡貓咪的成長階段請參考第 20 頁之詳細資訊。

【不同成長階段貓咪之間的相合度】

- 成貓╳幼貓　　• 相合度○

即使在野貓的世界裡，幼貓也不是成貓的競爭對手，所以通常可以相處得很融洽。而實際的親子關係中，即使是在幼貓成年之後，彼此的感情通常也依舊良好。

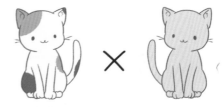

- 成貓╳成貓　　• 相合度○或△

這種組合還需要注意彼此的性別，而且個性上的差異也會有很大的影響。

➡不同性別之間的相合度請參考第44頁之詳細資訊。

- 幼貓╳幼貓　　• 相合度○

幼貓之間是可以互相玩耍的同伴，所以通常可以相處得很融洽。如果是同胎的兄弟姊妹，更是幾乎都能感情融洽地長大。

- 高齡貓╳幼貓　　• 相合度△

貓咪與人類一樣，隨著年齡增長運動量會逐漸減少，生活步調也會變得比較慢。而活潑的幼貓可能會對高齡貓造成壓力。

POINT

● 每隻貓咪都有自己的個性，基本上貓咪與貓咪之間的相合度要一起生活看看才會知道。

● 大多數成貓與幼貓的組合通常可以相處得很融洽。

17 ▸公貓與公貓之間沒辦法好好相處嗎？

雖然還是要看貓咪各自的個性，但比起母貓與母貓的組合，公貓與公貓的組合的確需要特別注意

性別與貓咪之間的相合度

不同性別也關係到貓咪之間的相合度

公貓與母貓在性格上會有所差異，因此性別也關係到貓咪之間的相合度。

不過，就跟我們人類一樣，即使是同一種性別，在個性上也是天差地遠，所以要論不同性別對相合度的影響，最後還是要看個性來決定。說到底性別也只是一個可能會影響到貓咪之間相合度的因素而已。

➡公貓與母貓之間的差異可參考第 21 頁之詳細資訊。

🐾結紮手術與性格

基本上飼養貓咪只要沒有打算讓牠們繁衍後代，飼主都應該要讓牠們接受結紮手術。

而多數貓咪在結紮手術之後，在性格上都會有一些改變。

其中公貓與母貓的共通點就是結紮手術後性格通常會變得比較沉穩及溫和，尤其是結紮後的公貓，對其他貓咪的攻擊性會變得大為緩和。

因此從這個角度來看，多貓家庭的貓咪們最好都要接受結紮手術。

> **MEMO**
>
> **貓咪在手術剛結束後會有些神經質**
>
> 由於結紮手術是在動物醫院這種貓咪不熟悉的環境下進行，有不少貓咪在手術剛結束後會變得有些神經質。
>
> 所以在安排新收編的貓咪與原住貓見面時，也要考慮到施行結紮手術的時間點。這一點也同樣適用在其他治療疾病的手術上。

【性別の　の相性の傾向】

- 公貓╳母貓　　• 相合度○

　　如同人類的男女搭配，一般來說公貓與母貓的組合通常可以相處得很融洽。

- 母貓╳母貓　　• 相合度○

　　母貓的領地意識沒有公貓那麼強烈，因此母貓之間相對較為融洽。

- 公貓╳公貓　　• 相合度△

　　公貓比母貓的領地意識更強烈，因此公貓與公貓之間可能會相處得不太好。

性格與貓咪同伴之間的相合度

　　「性格」這個說法其實有很多思考角度。講到貓咪之間的相合度時，通常會說這隻貓咪「很會社交」，或者是相反的「個性很內向」；這兩者不分優劣，只是一般來說性格上比較愛社交的貓咪會更適合多貓家庭。社交性良好的貓咪不只是與同居的貓咪，跟別的貓也會積極互動，還喜歡幫其他貓咪理毛或照顧牠們。另一方面，內向的貓咪就不太喜歡與其他貓咪互動，換句話說，就是看起來很我行我素。

　　基本上如果貓咪們都很會社交的話，那在相處上就會十分融洽，或者如果貓咪們的個性都比較內向的話，那就會各自以自己的步調生活，不太會去干涉對方，也因此可以相安無事地一起生活。相對於這兩種組合，如果貓咪之間有一隻很具有社交性，另一隻卻很內向的話，內向貓咪可能就會不喜歡社交貓咪的積極行為。

需要特別注意的組合

　　到現在為止所介紹的幾種組合模式裡，需要特別注意的是「成年公貓╳成年公貓」與「高齡貓（不論性別）╳幼貓（不論性別）」這兩種組合。不過比起這樣的組合模式，更重要的還是貓咪各自的性格（具有社交性或是比較內向），所以老話一句，要真的「一起生活看看才知道」。如果能有一段暫時共同生活的試養期間的話，請仔細觀察牠們之間的相處情形。

MEMO

貓咪的性格是怎麼決定的？

　　貓咪的性格主要是由天生的遺傳因子以及幼年時期的生長環境兩大因素所決定的，尤其是成貓，由於性格在某種程度已經定型，所以在飼養之前最好能先確認原本生長的環境，必要時採取適當的應對措施。

POINT

- 公貓與母貓在性格上會有差異，若是公貓與公貓的組合就必須特別注意。
- 飼養之前請先確認那隻貓咪的性格。

18 ▸從哪些地方可以看出貓咪是否健康呢？

健康的貓咪應該沒有眼屎等分泌物，且毛髮有光澤，全身上下應該要充滿活力

一般性的貓咪健康檢查

在迎接新貓咪進家門之前，事前確認貓咪的健康狀態是很重要的一個步驟。如果貓咪有任何健康上的問題時，有時也必須先準備好相應的措施。一般來說，貓咪要檢查的項目如下面所示。

眼睛
如果眼屎很多的話，可能有眼睛方面的問題。

耳朵
耳朵裡若是有很多耳垢的話，可能有耳疥等寄生蟲的寄生。

毛髮
對貓咪來說，毛髮是健康的指標之一。有活力的貓咪毛髮應該要有光澤。

嘴巴
健康的貓咪舌頭及牙齦應該呈現漂亮的粉紅色。

健康的貓咪應該是充滿活力、元氣十足的樣子

步態
步態（走路的樣子）也是需要仔細確認的項目之一。若走路的樣子看起來怪怪的，可能表示有四肢方面的問題。

貓咪的性別檢查

如果飼養的是收容貓咪或流浪貓時，有時候會不知道牠們的性別或年齡。

性別方面可以從成貓有沒有睪丸來判斷。由於公貓的結紮手術是將睪丸摘除，所以如果是已經結紮過的公貓，在睪丸摘除後該處會只剩下原本容納睪丸的外皮，表面會稍微地膨起，外觀上看起來介於沒結紮的公貓與沒有睪丸的母貓之間。

公貓的睪丸位於尾根部的下方。

MEMO

幼貓如何區分性別

幼年公貓的睪丸沒有成貓那麼明顯，但仔細觀察的話還是可以發現（寵物店也通常是用這種外觀上的特徵來辨別）。其他在外觀上的性別差異，諸如「公貓的體型比較大，四肢比較長」這一類的基準，由於個體差異很大，所以只靠這些方式是很難進行判斷的。

🐾貓咪的年齡

幼貓雖然可以用體型很小、臉長得很幼齒這一類的外觀來判斷說「應該還是隻幼貓」，但卻很難具體地判斷出貓咪大概是「幾個月大了」。這個時候，有一個資訊大家可以先學一下，那就是貓咪的牙齒。貓咪的乳齒大約在出生後 3～4 個星期開始長出，大約到 6～7 星期時長齊。接下來則是會在大約 3 個月大的時候乳齒開始脫落，到了 6 個月大時換牙結束，全部換成永久齒。

另一方面，如果是年紀大一點的貓咪，同樣可以用牙齒來判斷年齡的線索。當牠們有了一定的年紀後，牙齒的尖端會因為磨耗而磨成明顯的鈍圓狀。而在過了 10 歲之後，有些貓咪還會因為牙周病而開始掉牙。

➡ 高齡貓咪的詳細資訊請參考第 112 頁。

POINT

● 在把貓咪接進家門前，要事先檢查過貓咪的健康狀態。
● 貓咪的性別可以透過睪丸的有無來判斷。

19 ▶ 最好要先了解貓咪之前的飼養環境？

如果原本就是家貓，最好要向前飼主問清楚貓咪是否有系統性疾病或原本的飼養環境等各種資訊

檢查貓咪的健康狀態

有些健康方面的問題無法光從外觀就看得出來

如果貓咪是「從認識的人手中領養」或是「從中途之家領養」，可以與先前的飼主取得聯絡的話，請記得要事先詢問清楚這隻貓咪之前與飼養相關的各種資訊。

除了一定要確認貓咪目前有沒有生病等健康狀態之外，包括之前接受疫苗注射的時間等也要確認。

🐾 確認疫苗注射等資訊

在確認好貓咪目前的健康狀態之外，還有一個特別要注意的資訊最好也要事前確認清楚，那就是是否有接種過疫苗，以及是在什麼時候打的。

這是因為貓咪有幾種一旦感染可能會致命的疾病，例如「貓泛白血球減少症」等，可以透過施打疫苗來達到預防疾病發生的效果。

➜ 有關疫苗的預防注射請參考第 58 頁之詳細資訊。

【需要事前確認的健康相關資訊】

- **結紮手術**／先前是否已進行過結紮手術。如果沒有預定要繁衍後代的話，最好要讓貓咪接受結紮手術。

- **系統性疾病**／所謂系統性疾病指的是心臟等內臟器官或血液相關的慢性疾病，或者是免疫功能下降的疾病。例如「貓白血病病毒（Feline leukemia virus, FeLV）感染症」、「貓免疫缺陷病毒（Feline immunodeficiency virus, FIV）感染症（俗稱貓愛滋病）」等疾病，就屬於貓咪的系統性疾病。

- **病毒檢測**／有些疾病例如「貓白血病病毒感染症」或「貓免疫缺陷病毒感染症」，貓咪即使感染了有時候也不一定會發病出現症狀，因此要事先進行病毒檢測，確認貓咪是否是帶原者（體內保有病毒的狀態）。

- **預防注射**／確認清楚貓咪是否有接種過哪些疫苗以及最後一次施打疫苗的時間。

- **驅蟲**／如果新來的貓咪身上有寄生蟲的話，可能會傳染給原住貓，所以也要確認清楚貓咪是否有驅過寄生蟲。

- **晶片**／日本自2022年6月起規定販賣的貓咪必須植入晶片[18]。

➜ 有關晶片之詳細資訊請參考第60頁。

[18] 台灣的動物保護法雖規定寵物必須進行登記，但目前並未強制規定貓咪一定要植入晶片。

如果能向原飼主詢問清楚先前的飼養環境，必要時將家中環境調整成類似的環境，可以讓新貓咪更順利地習慣新環境。

此外，如果原先的飼主也很疼愛貓咪只是不得已才必須送養的話，也可以向對方詢問看看能不能將貓咪先前愛用的貓窩等寵物用品一起帶回家。

最好能把貓咪喜愛的玩具也一起帶回家。

【需要事先確認的飼養環境資訊】

* 貓咪目前在吃的食物／和狗狗相比，不同貓咪對食物的喜好度有著更大的差異，如果貿然更換食物，可能會讓貓咪變得不願意吃飯。

* 貓咪需要送養的原委／貓咪過去的經歷也會關係到未來的飼養難易度。例如曾經被飼主虐待過的貓咪，在人類高聲說話時可能會覺得非常害怕。

* 貓咪原本的日常生活／如果之前都是跟飼主睡在床上的貓咪，單獨睡覺時可能會感到不安。即使只是瑣碎的日常生活資訊，最好也能事先問清楚。

尤其是食物內容和餵食方法，更是要先跟前飼主問清楚。

MEMO

確認貓咪的性格

在貓咪的性格方面，多貓家庭裡最重要的就是「新貓咪是否能與原住貓和平相處」。基本上這就是貓咪間彼此相合度好不好的問題，儘管這一點不實際相處看看無法得知，但一般來說社交性比較強的貓咪會更適合多貓家庭。由於個性這種事不是一眼就能看穿的，因此需要多花一些時間觀察，並且如果貓咪先前是有人飼養的話，最好也與前飼主先問清楚跟貓咪個性有關的資訊。

POINT

● 如果貓咪原先是被人飼養的話，記得跟前飼主問清楚預防注射等健康相關的資訊。

● 新的飼養環境愈貼近貓咪原先的生活環境，貓咪就更能適應新環境。

20 多貓家庭在飼養環境上應該要注意的重點？

貓咪的飼養環境要有足夠的空間，因此將家中環境打造成具有高低落差的空間十分重要

打造多貓家庭的飼養空間

多貓家庭特別需要有高低落差的生活空間

能否能將新環境打造成新貓咪可以安心生活的空間，是飼主決定展開多貓家庭生活之前必須考慮的重要因素。

首先，設計貓咪生活的空間時基本上與一貓家庭一致，但是有一點必須要特別注意，那就是多貓家庭比一貓家庭更需要有高低落差的垂直活動空間。飼養貓咪的空間當然是愈大愈好，但這畢竟是有極限的，這個時候，利用高低落差就可以有很大的發揮空間了。

➡打造貓咪的生活環境請參考第 30 頁的詳細資訊。

有助於打造垂直空間貓咪用品

只要利用某些用品，就可以打造出具有高低落差的空間，其中最具代表性的就是貓爬架（貓塔）。市面上販售的貓爬架，不論是體積大小還是外型，都有非常多樣化的選擇。

此外，如果是獨棟住宅的話，打造一條「貓咪走道」也是很有效的方法。貓咪走道原本指的是設置在高處的貓咪通道，不過最近已經成為貓咪可以自由移動的設備或空間之總稱。網路上有很多電商通路都有在賣，只要搜尋貓咪走道就可以看到多種商品。

MEMO

動線要有一定的寬度

在打造多貓家庭的生活空間時，為了不給每一隻愛貓造成壓力，在設計貓咪的動線時，請記住不要讓動線變成單行道。舉例來說，若是有設置階梯的話，階梯必須要有一定的寬度，讓兩隻貓咪可以擦身而過。

貓咪之間可以共用與不能共用的物品

原本已經有飼養貓咪的飼主，在收編新貓咪時，可能會想著「有些東西應該可以兩隻貓咪共用吧」，不過實際上，貓咪之間能夠共用的物品其實並不多。雖然還是要看飼養型態，不過像是貓砂盆，就應該要準備「飼養隻數＋1」個比較好。總而言之，每次收養新的貓咪時，建議還是要購買新的專屬用品比較好。

【多貓家庭在準備主要用品的基本注意事項】

● 貓餐碗／

尤其是家中有生病的貓咪需要吃處方飼料時，更需要有專用的貓餐碗。而且每隻貓咪如果都能擁有專用餐碗的話，也可以確實管理每隻貓咪每天的餵食量。

另一方面，大多數的貓咪通常都能夠共用一個水碗。

● 貓砂盆／

基本上貓砂盆的數量最好準備「飼養隻數＋1」個，即使只有飼養一隻貓咪，準備兩個貓砂盆分別放置在相隔較遠的位置（例如一個放一樓，另一個放二樓），有助於減少貓咪隨地大小便的問題。多貓家庭的貓砂用量會變得很多，這也是需要考慮的一點。

● 其他／

貓抓板雖然可以共用，但貓咪隻數增加也會加快它的耗損速度。

此外，貓咪的外出籠最好準備跟飼養隻數相當的數量，另外貓籠以及防止貓咪跑掉的柵欄也是很必要的用品。而貓咪睡覺用的墊子，最好也要準備跟隻數相當的數量。

配合貓咪的特性選擇寵物用品

如果想讓貓咪們能夠幸福地生活，最好也要配合牠們的特性選擇平日使用的用品。

例如市面上有販賣一種高度比較高的貓碗，這種類型的貓碗除了有助於預防貓咪的食物逆流情形，也能夠減輕前肢關節的負擔。

POINT

- 多貓家庭特別需要有高低落差的生活空間。
- 貓餐碗及貓砂盆都要準備足夠的數量。

21 ▸ 貓咪的食物要用自製鮮食才比較好嗎？

自製貓咪鮮食需要具備一定的知識，其實貓咪每天的飲食選用市售的貓咪主食飼料即可

貓咪的必需營養素

食物也要事先準備好！

和我們人類一樣，食物對貓咪來說除了可以維持健康，也是生活中的一大快樂因素。

貓咪的飼料有時候可能會因為寵物店關門而無法臨時買到，若是用網路訂購的話也需要花上一些時間才會送貨到家，因此在把貓咪接回家之前，至少要事先備好數天份的新貓咪專用食物。

至於要選哪種食物，以貓咪的乾飼料做為主食是最常見的選擇。

此外，如果領養的是先前別人飼養過的貓咪，則最好跟前飼主問清楚貓咪之前的食物種類，先混合著一起餵食。

🐾貓咪的必需營養素

想要更深入地了解貓咪，就必須先知道貓咪的必需營養素。

首先，大家都知道人類的必需營養素是「蛋白質」、「脂肪」、「碳水化合物」這三大營養素。簡單來說，蛋白質是肌肉、皮膚等身體的成分，脂肪及碳水化合物則是身體活動時的能量來源。這三大營養素對貓咪來說同樣也是必需的，不過牠們所需要的碳水化合物沒有人類那麼多，而蛋白質需求量的比例則將近是人類的兩倍。再來就是蛋白質是由胺基酸所組成的，在這些胺基酸當中，牛磺酸及精胺酸這兩種對貓咪極為重要，如果缺乏的話可能會導致貓咪的眼睛或心臟出現功能異常。

● 人類與貓咪的必需營養素比例

	蛋白質	脂肪	碳水化合物
人類	18%	14%	68%
貓咪	35%	20%	45%

MEMO

富含蛋白質的食材

富含蛋白質的食材中最具代表性的就是魚類與肉類，貓咪之所以那麼喜歡吃魚類與肉類，應該也是因為這些食物裡含有豐富的必需營養素。

貓食的特徵

除了三大營養素之外，貓咪也需要維生素與礦物質，如果真的要飼主天天製作讓貓咪能夠確實攝取到這些營養素的食物，可以說是一件很不容易的事。也因此大部分的老經驗飼主，都會以市售的貓食做為貓咪每日飲食的主食，而市售的貓食主要可以分成乾飼料與溼食兩大類。

【市售貓食的種類】

● 乾飼料／

乾飼料的含水量只有10％，有時也被稱為「乾乾」，價格比溼食便宜，而且開封後還能保存大約一個月的時間。

● 溼食／

大部分商品的含水量在75％左右，因此也可用來補充水分。嗜口性通常都不錯。開封後保存期限較短僅有數天，未開封前則可以保存一定期間。

🐾以綜合營養食品[19]做為平時的食物

市面販售的寵物食品，根據日本寵物食品公平交易協會的分類，分成「綜合營養食品」、「副食品」、「處方食品」及「其他用途食品」。每一種都會在外包裝上標示，所以請先仔細確認後再行購買。而綜合營養食品就是做為平時的飲食之用。

另外，副食品指的是零食，處方食品是給有健康問題的貓咪吃的，其他用途食品則是為了補充特定的營養素或是增加嗜口性等目的之用。

NG 不要把自製鮮食當作主食

幫愛貓準備自己親手做的鮮食絕對不是一件壞事，但這必須要懂得貓咪必需營養素的攝取量或是食物熱量等專門的知識。此外，有些食材是不能夠餵給貓咪的，這一點也必須特別小心。再來就是自製鮮食也會讓飼主的負擔比較大，因此一般而言貓咪每天的飲食並不推薦使用自製鮮食。

【幾種不能餵給貓咪吃的食材】

● 蔥類　● 大蒜　　　　● 生雞蛋
● 巧克力　● 葡萄（葡萄籽）
● 酒精類

---

[19] 台灣比較常稱為「主食飼料」。

POINT

● 貓咪一般的飲食可以用綜合營養食品的貓乾糧做為主食。

22▶貓咪適合大家一起吃飯嗎？

某些情況下（例如貓咪們的年齡差距較大時）必須配合牠們的特性調整餵食方式

不同成長階段貓咪的飲食

有時必須為新來的貓咪準備專用的貓食

　　是否該為新進的貓咪準備與原住貓準備不一樣的貓咪食品呢？這一點要看實際的狀況才能決定。其中需要特別注意的，是一般市售的貓咪食品會根據貓咪的成長階段分為「幼貓專用」、「成貓專用」及「高齡貓專用」三種。也就是如果原住貓是成貓而新貓咪是幼貓的話，那自然就要另外準備幼貓專用的貓食。

●貓咪食品的一般分類

幼貓專用	離乳～一歲以下
成貓專用	一歲～六歲以下
高齡貓專用	七歲以上～

特別的飲食

　　新進貓咪如果有健康問題的話，有時候需要給予處方食品。此外，就算還不到有健康問題的程度但還是有點擔心的話，也要為牠選擇適合類型的貓食。最近市面上的貓咪食品種類非常豐富，有「防止食物逆流」或「結紮貓專用」等等各式各樣的類型可以選擇。

貓咪一天的餵食量

由於肥胖可能造成各種健康問題，因此如果貓咪已經微微發胖的話，要特別注意牠的餵食量。此時可為貓咪準備「體重控制飼料」，同時確實遵照正確的餵食量餵食。

適當的餵食量根據貓咪的體重等條件而不同，例如貓飼料的外包裝就會標示有例如「體重 3kg 一天餵食 45g」的資訊，再以此建議量為基礎，配合貓咪的身體狀況進行調整。

MEMO

配合貓咪的喜好選擇食物

一般來說溼食的嗜口性會比乾飼料還要更好，因此家中最好備有溼食，在貓咪食慾不太好的時候就可以拿來餵食。此外，貓咪對於相同的食物有時可能會覺得吃膩了，這個情況下換成別牌的乾飼料貓咪說不定就會願意吃了。

貓咪的零食

跟貓飼料一樣，目前市面上也有各式各樣的貓零食在販售。基本上市售的零食都很重視嗜口性，所以幾乎所有的貓咪都非常喜歡吃。不過如果餵太多的話可能會讓貓咪發胖，這一點也要特別注意。建議最好每隔幾天餵一次就好。

此外，零食也可用來做為獎勵，例如「討厭剪趾甲的貓咪」，如果讓牠習慣「剪完趾甲後就有零食可以吃」的話，應該就能減少剪趾甲這件事對貓咪造成的壓力，也是活用零食的方法。

POINT

- 有時要配合每隻貓咪的特性來準備食物。
- 要注意零食不可以餵食過量。

23▸貓砂盆應該要設置在什麼位置呢？

配合住家的環境可在家中設置多個貓砂盆，且最好設置在人員比較不會進出的地方

貓砂盆與貓砂的選擇方法

貓咪的廁所也要事先準備好。

新貓咪進家門後會有許許多多的事情要忙，所以像貓咪的廁所最好也要在事前就先準備好。

一般來說在貓砂盆裡放入貓砂就可以做為貓咪的廁所，目前市面上也販售有各式各樣的貓砂盆。而如果家裡有其他形狀類似且具有一定體積大小的容器的話，也可以用這些容器來替代貓砂盆。

【貓砂盆的選擇重點】

- 有一定的體積大小／
  貓咪在做出排泄姿勢之前身體會在貓砂盆中繞來繞去，所以貓砂盆必須要有足夠的體積大小讓貓咪能做出這些行為。

- 充分的深度／
  貓砂盆要有足夠的深度可以放入大量的貓砂，才能讓貓咪充分地挖掘貓砂。

- 能維持穩定的重量／
  貓砂盆要有足夠的重量維持穩定，讓貓咪即使壓在貓砂盆邊緣也不會整個打翻過來。

貓砂的選擇方法

市面上販售的貓砂種類十分繁多，依材質可分為「礦物砂」、「水晶砂」、「木屑砂」、「紙砂」、「豆腐砂」幾種，顆粒大小也各有不同。

這些貓砂在消臭方面有不同的效果，不同的貓咪對貓砂的喜好也不一樣。找出自家愛貓覺得好用的貓砂，也是和牠們一起幸福生活的重點之一喔！

MEMO

訓練貓咪上廁所

貓咪本來就有在砂上排泄的習性，所以訓練牠們上廁所並不會像狗狗一樣辛苦。只要當貓咪出現坐立難安想要上廁所的動作時，就迅速帶牠們到貓砂盆那裡，而只要在那裡上過一次廁所之後，通常從下一次開始貓咪就都會在同一個地方上廁所了。

貓砂盆的放置場所

　　雖然不同的住宅環境可能會有所差異，但基本上飼養貓咪的空間裡應該要有「貓咪隻數＋1」個貓砂盆。這是為了讓貓咪能夠在想要上廁所的時候可以順利地前往貓砂盆。另外，一般來說多貓家庭裡即使放了很多個貓砂盆，貓咪也不會有自己專用的貓砂盆，而是經常會有共用的情形。

　　至於放貓砂盆的位置，最好選擇人員不會經常進進出出，愛貓能夠安心上廁所的地方。

MEMO

也可以放在洗手間

　　貓砂盆除了要放在不會經常有人進出的位置之外，還有一個重點就是「貓咪不會覺得冷的地方」。具體來說客廳、臥室或是洗手間等位置都屬於適當的地方。

NG **不適合放在玄關處（大門附近）**

　　玄關處並不是放置貓砂盆的好地方，因為經常會有人進出，而且還有可能不小心讓貓咪跑掉。

貓砂盆的清潔

　　多貓家庭裡貓咪的排泄物一定也會隨之增加。由於貓咪的排泄物味道並不好聞，而且也是為了儘量保持飼養空間的整體清潔，基本上排泄物都要儘快清理乾淨。

　　貓尿會讓貓砂結塊，所以只要用貓砂鏟將結塊的貓砂鏟起丟入垃圾袋裡，糞便則可以用貓砂鏟或用衛生紙抓起丟掉即可。

　　清理排泄物的時候，記得也要同時看看有沒有帶血等情況，檢查貓咪的健康狀態喔！

➡尿液的確認請參考第 99 頁之詳細資訊。

MEMO

貓砂盆容器本身的清潔工作

　　為了保持貓砂盆的清潔狀態，每個月最好將貓砂清空 1～2 次來清洗容器。容器的清潔可以用「以浴室用清潔劑刷洗後用水沖乾淨晾乾」，或是「以寵物用清潔噴霧或除菌溼巾將容器整體擦乾淨」等方式來進行。

ＰＯＩＮＴ

● 在迎接新貓咪之前，要先將貓砂盆準備好。

24 一定要注射疫苗嗎？

尤其是多貓家庭，施打疫苗以及進行接受結紮手術可說是基本操作

打預防針了

施打疫苗

　　不只是飼養環境，新貓咪本身也有很多準備工作要做。特別要注意的是健康方面，在多貓家庭裡，如果新貓咪身上患有某種疾病的話，可能會傳染給原住貓咪。

　　因此新貓咪在進入多貓家庭之前，基本上都要接種疫苗來防止傳染病的發生。

●主要疫苗的種類

疫苗種類			預防的疾病名稱	疾病介紹
五合一	四合一	三合一	貓病毒性鼻氣管炎	也被稱為「貓感冒」，會出現打噴嚏、流鼻水等與人類感冒時相同的症狀。
			貓卡里西病毒感染症	症狀與「貓病毒性鼻氣管炎」類似，惡化時會出現口腔或舌頭發炎的症狀。
			貓泛白血球減少症（貓瘟）	症狀包括嚴重嘔吐、發燒、下痢等，是可能會致命的危險傳染病。
			貓白血病病毒感染症	大多透過咬傷或割傷等傷口傳染，多數感染的貓咪可能只剩下2～4年左右的壽命。
			貓披衣菌感染症	由貓披衣菌引起的細菌感染，主要發病症狀為結膜炎。
單一疫苗			貓免疫缺陷病毒感染症	又稱為「貓愛滋病」，雖然感染貓最後會惡化成失去免疫功能的狀態甚至可能死亡，但最近也有貓咪能夠在一直不發病的情況下安享天年。

預防注射證明書

　　貓咪的預防注射建議在出生後2～4個月之前每個月注射一次，之後再每年定期接種一次，費用大約是每次3000～7500日圓（依注射的種類而定）。此外，貓咪在施打完疫苗後可以取得預防注射證明書，有些情況如寵物寄宿旅館可能會使用到，因此請記得要妥善保管。[20]

[20] 在台灣，貓咪的疫苗接種費用參考《台北市獸醫師公會開業會員診療費用標準》，約在新台幣900～1500元之間。

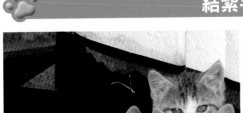

新貓咪「是否已進行過結紮手術」也是事前必須仔細確認的項目之一。

特別是在多貓家庭，若是新舊貓咪都沒有結紮的話，一不小心貓口數就會增加，甚至有可能演變成失控的動物囤積現象。這是因為貓咪是一種繁殖力很強的動物，每次生產可以生下 4～8 隻的幼貓。另外，結紮也能夠讓貓咪性格變得更為穩定，更適合多貓家庭的環境。

基本上只要沒有打算讓貓咪繁衍後代的話，都應該要儘速帶貓咪去進行結紮手術。

結紮手術的施行時期與費用

若貓咪是從幼貓開始飼養的話，在貓咪發育到某個程度且在發情期來臨之前，是實施結紮手術的最佳時機，也就是大約在出生後 6 個月左右的時候，而在此之後的成長階段，也都可以接受結紮手術。

另外，結紮手術的費用母貓約為 1～4 萬日圓，公貓的結紮手術則約為 5000～20000 日圓。部分地方政府還會有結紮手術的補助金。[21]

---

[21] 在台灣，貓咪的結紮費用公貓約新台幣 1500～2500 元，母貓約 2500～3200 元。各地方政府均可申請絕育補助。

貓咪在出生後 6 個月左右就可以接受結紮手術。

MEMO

事前要進行確認

貓咪中途之家所收容的貓咪通常都已接受疫苗注射及結紮手術。而若是從私人手裡認養貓咪的話則要特別注意，事前一定要確認這些相關的資訊，若是還未進行的話，也要事先釐清到時候要由送養人還是認養人的哪一方負責去執行。

POINT

● 在飼養新貓咪之前要確認貓咪的預防注射與結紮手術相關資訊，並且要釐清由哪一方負責去執行。

25 貓咪一定要植入寵物晶片嗎？

日本目前已規定販售的貓咪必須植入寵物晶片，並且必須變更登記到飼主名下

日本的貓咪有植入晶片的義務

已植入寵物晶片的貓咪必須變更寵物登記的資料

「寵物晶片」也是要收編新貓咪的飼主需要事前知道的一件事。日本國內從 2022 年 6 月 1 日開始，規定寵物店等商家對於所販賣的動物都必須植入寵物晶片，所以如果貓咪是從寵物店購買來的話，由於身上都已植入晶片，購買後飼主的資訊也必須變更成自己的資料。

此外，若是從他人手裡認養貓咪時，不論是原本已有植入晶片，或者是請獸醫師植入新的晶片時，也必須以自己的資料進行寵物登記。[22]

---

[22] 在台灣除台北市規定犬、貓均必須植入晶片並進行寵物登記外，其餘縣市僅規定犬隻必須植入晶片及登記，貓咪並未強制規定。

寵物晶片的目的

貓咪身上植入的寵物晶片在經過專用的掃描器讀取後，就可以從資料庫裡得知飼主的資料，這樣當貓咪走失的時候，就可以藉此順利地找到牠的飼主。此外，在因為地震等災害讓貓咪與飼主分開的時候，有晶片的貓咪回到飼主身邊的機率也會比較高。

MEMO

圓柱形的微晶片

貓咪所植入的微晶片是用來識別動物個體的電子標識儀器，是一個直徑約 1 ～ 2mm、長度約 8 ～ 12mm 的圓柱體。晶片不需要電池，據說耐用性可達 30 年之久。

植入晶片時需要專用的工具，屬於一定要由獸醫師執行的獸醫醫療行為，植入的位置通常在背部靠近前肢的皮下。

寵物晶片的變更手續

一般來說如果貓咪的來源是繁殖業者或寵物店的話，基本上身上都已植入晶片，飼主可以自行辦理寵物登記內容之變更。而若是從其他飼主手裡接收已經植入晶片的貓咪，也要進行相同的手續。[23]

※ 詳細資訊請參考日本環境省官方網站「犬貓晶片資料登記網站」（https://reg.mc.env.go.jp/）。[24]

[23] 此為日本國內之情形，台灣目前並未強制貓咪植入晶片，但如果是已植入晶片並進行過寵物登記之貓咪，則可以向登記機構申請寵物轉讓登記。

[24] 台灣請參考農業部「寵物登記管理資訊網」（https://www.pet.gov.tw/）。

【晶片資料之變更手續】

- 概要／新飼主必須在30日以內將姓名、地址及電話號碼等資訊登記於國家資料庫內
- 登記之申請單位／公益社團法人日本獸醫師會[25]
- 申請方法／紙本或者線上

※ 貓咪之飼主資料如須變更時，需提出前飼主之寵物登記證明書。

※ 線上申請可利用電腦或智慧手機進行資料之登記。

- 費用（登記、變更登記費用）／紙本申請為1000日圓，線上申請為300日圓[26]

※ 前飼主應將重新核發之登記證明書交給新飼主（重新核發證明書之費用紙本申請為700日圓，線上申請為200日圓）。

[25] 台灣為各寵物登記機構。

[26] 台灣各縣市之寵物登記費用從新台幣 0～1000 元不等，植入晶片之手續費為新台幣 250～300 元。

寵物晶片之變更手續除了飼主變更時需辦理之外，在「地址或聯絡方式變更」、「貓咪死亡」、「植入新的晶片」時也必須辦理。

🐾原本已在飼養之貓咪要植入晶片嗎？

貓咪要必須要植入晶片的義務，只有針對寵物店等業者販賣的貓咪。

因此原本就在飼養的貓咪並不是此規定規範的對象，而且即使未植入晶片目前（2023 年 1 月）也沒有明文上的罰則。

不過如果飼主為了以備萬一想要為貓咪植入晶片的話，也可以委託動物醫院辦理。費用各醫院不同，約在數千～ 1 萬日圓之間，另外再加上紙本申請的 1000 日圓或線上申請的 300 日圓登記費。

POINT

- 日本自2022年6月開始規定販賣的動物都必須植入寵物晶片。
- 已經在飼養的貓咪不需要強制植入晶片。

26 可以在下班後再去接新貓咪嗎？

為了避免臨時有緊急狀況發生，可以的話最好在上午去接新貓咪

迎接新貓咪

最好在上午去接新貓咪

決定好要成為新家人的貓咪，預防注射等事前的準備工作也都完成了之後，終於到了去接牠回家的日子了。

一般來說通常都是飼主自己拿著運輸籠去把新貓咪接回家，因此必須事先準備好一個運輸籠。若是要開車接送的話，最好在運輸籠上蓋一塊布，讓新貓咪待在陰暗的空間裡會比較冷靜。

另外，為了避免臨時發生狀況時（例如需要去動物醫院檢查）可以即時處理，基本上最好是在上午去接新貓咪。

可以在運輸籠裡鋪上新貓咪之前愛用的毛巾等物。

🐾幼貓要注意保暖

一般情況下貓咪的生產時期每年有兩次，分別在 3～4 月之間及 8～9 月之間，以季節來說就是在春季與秋季。也就是說秋季出生的幼貓，在出生沒幾個月的幼小時期就得要面對寒冷的冬天。

由於幼貓的體溫調節機能還沒有發育完善會比較怕冷，所以在移動貓咪時請避免長時間處於寒冷的環境下，這個時候可以活用暖暖包等工具來幫貓咪保暖。

MEMO 也可以利用大眾交通工具

如果是在貓咪中途之家領養貓咪的話，記得事先確認好接貓的那一天要用什麼交通方式帶貓咪回家。

基本上攜帶貓咪也可以搭乘電車或公車等大眾交通工具，不過通常都需要放在外出籠內。搭乘前可以再跟交通工具的工作人員確認，部分交通工具可能會另外收取攜帶隨身行李的費用。[27]

[27] 在台灣，台鐵、高鐵、捷運、公車、客運等大眾運輸對寵物的搭乘均不另外收費，但對裝載寵物的容器大小則有所規範。

迎接新貓咪當天

迎接新貓咪的當天要怎麼正確地完成每一個過程，可能每一隻貓咪的狀況都不一樣。基本上請先確認好新貓咪的狀態，並且在行動時都要避免對新貓咪造成壓力。這裡所介紹的例子，是飼主自行使用外出籠將新貓咪帶回家後，先放在與原住貓不同的房間讓牠習慣的方法。如果要讓新貓咪與原住貓碰面，通常都會先利用籠子將新、舊貓咪隔開。　➡新、舊貓咪的碰面請參考第 64 頁之詳細資訊。

①打開外出籠的籠門

用外出籠將新貓咪帶到牠的專用房間，關上房門讓原住貓不能進來後，再打開外出籠的籠門，等新貓咪自己出來。

②餵飯

先暫時觀察新貓咪的狀態一段時間，也可以跟牠玩一下，等新貓咪漸漸熟悉新環境後，就可以給牠食物跟水。不要做任何強制的動作，也不要勉強貓咪吃飯。

③教貓咪上廁所

當新貓咪出現坐立難安的樣子時，可能就是想要上廁所了。這個時候馬上帶牠到貓砂盆上廁所。接著繼續陪著牠，如果看起來有想睡覺的樣子，也可以抱牠到貓窩裡。

POINT

● 最好在上午去接新貓咪回家。
● 基本上在迎接新貓咪到家裡的當天，最好陪在牠的身邊等牠熟悉新環境。

27▶馬上就讓新貓咪與家中原住貓咪見面好嗎？

新貓咪接到家裡之後，可將新貓咪放在貓籠中，慢慢縮短兩隻貓咪間的距離

貓咪之間的碰面

漸漸拉近兩隻貓咪的距離

做為家庭的新成員，基本上新貓咪應該就會開始逐漸習慣新環境，與原住貓的關係也是一樣，飼主要多花一些心思逐漸拉近新、舊貓咪的距離。

讓貓咪們碰面的一般方式

①先讓貓咪們分別生活在不同的空間

如果家裡有數個房間的話，先讓新貓咪入住到不會讓原住貓咪覺得自己地盤被入侵的房間，避免新、舊貓咪突然互相接觸。透過氣味及動靜，新、舊貓咪會逐漸習慣「有另一隻貓咪存在」的事實。等新貓咪在隔離的房間住了 3～7 天之後，接下來可以在同一個房間裡，以「新貓咪在貓籠內、原住貓在貓籠外」的型態生活。

此外，如果主要的飼養空間只有一個房間的話，也可以利用貓籠進行隔離，讓新貓咪先住在貓籠內生活。

②觀察兩隻貓咪的樣子

　　兩隻貓咪在同一個房間內生活後，其中一隻貓咪會開始去注意另一隻貓咪（或是彼此注意對方）。一開始可能會有威嚇對方的行為，這時候飼主要仔細觀察雙方貓咪的樣子，判斷雙方對彼此的態度。

③讓新貓咪從貓籠內出來

　　新、舊貓咪在同一個空間共同生活三天左右之後，如果都沒有要起衝突的跡象，可以將新貓咪從貓籠內放出來。就算兩隻貓咪之間仍有距離，但只要不起衝突就沒關係，可以開始在同一個空間裡飼養新、舊貓咪了。牠們之間的感情可能會自然地變好，也可能需要飼主花心思去拉近彼此的距離。

➡飼主可以做哪些事讓貓咪們順利地認識彼此請參考第 66 頁。

MEMO
縮短距離的竅門

　　想要縮短兩隻貓咪之間距離的前提是，飼養貓咪、與貓咪一起生活這件事，應該要以貓咪為中心來進行思考。

　　好消息是，大多數的多貓家庭，貓咪之間並不會因為脾氣不合而整天大打出手。

　　但另一方面，有些貓咪需要很長的時間才會與其他貓咪加深感情，據說甚至有需要花上 1 年時間的例子。此外，貓咪們之間相處的型態通常也不會變得像飼主期待的那樣和樂融融，通常都是互相以自己的步調在生活。無論如何，飼主都不要去強迫貓咪們一定要變成好朋友，尊重貓咪的意願是很重要的。

NG 起衝突時 不可置之不理

　　激烈的衝突會導致貓咪受傷。如果新貓咪從貓籠出來後，新、舊貓咪有一方開始生氣的話，一定要馬上將兩方分開，並將新貓咪放回籠內，接下來再觀察雙方的樣子一段時間（至少一天）。由於貓咪是一種反覆無常的生物，就算打過架也不代表彼此就合不來，有時候也有可能只是其中一方心情不好而已。

POINT
● 不要讓新、舊貓咪雙方乍然碰面，而是要循序漸進地拉近彼此的距離。

28▶儘量讓貓咪們自然地加深彼此的感情

飼主可發揮巧思讓貓咪們和平相處，例如以原住貓咪優先，或是準備成貓專用的高處空間

介紹新舊貓咪彼此認識的竅門

讓我們彼此認識也是需要竅門的喔！

雖說「與貓咪一起生活要以貓咪為中心」，但飼主當然會希望貓咪之間能夠順利地加深感情。

而要讓新、舊貓咪彼此認識，飼主也有很多可以下功夫的地方。不過這裡有一個很重要的前提，那就是不能讓貓咪有討厭的感覺，也不要讓牠們感受到壓力。

讓貓咪順利認識彼此的竅門

要想讓貓咪們順利地認識彼此，飼主能做的第一件事，就是在兩隻貓咪生活在同一個空間之前，要先有一個階段是兩隻貓咪分別生活在不同空間。這個時候，如果先把毛巾等沾染了各自氣味的物品互相交換，可以讓雙方更加習慣有另一隻貓咪的存在。

此外，等到兩隻貓咪在同一個房間生活但是用貓籠隔開之後，如果原住貓咪沒有想要靠近新貓咪的意思，飼主可以抱著原住貓跟牠介紹新的貓咪。

新貓咪從貓籠出來之後，飼主抱著新貓咪要介紹給原住貓認識的時候也有訣竅。這個時候不要將新貓咪直接帶去原住貓面前，而是要等著原住貓咪主動過來。

讓貓咪們習慣同住在一起的訣竅

多貓家庭的基本原則，是要以原住貓為優先。尤其是新貓咪從貓籠出來剛開始要與原住貓在同一個房間生活的時候，記得不管是餵飯時放貓碗的順序，或是餵零食的順序，都要以原住貓為優先。

此外，飼養空間裡要準備好貓咪們彼此想要保持距離時可以逃走的地方。舉例來說，如果新貓咪還是幼貓的話，就要為原住貓準備一個幼貓爬不上去的高處。

試養期間的觀察

日本國內大多數的貓咪中途之家會在正式認養貓咪之前設定大約兩個星期的「試養期」，有些人可能會覺得這段期間好像是「中途之家在判斷自己（飼主）有沒有辦法好好飼養貓咪的期間」，雖然這樣想也沒錯，不過試養期間同時也是能夠判斷「原住貓與新貓咪能否一起幸福生活」的期間。

貓咪是很有個性的動物，所以會有相合度的問題，但就算兩隻貓咪真的很合不來，這也不是飼主的責任。所以還是趁著試養期間，好好觀察貓咪們彼此的相合度，看看會不會一見面就想打架。

MEMO
私人認養的貓咪也有認養期

從私人手裡認養貓咪時，如果可以的話最好也要有一個試養期。否則一旦認養了之後卻發現真的無法飼養時，可能會造成兩方之間的糾紛。請在正式認養之前，向送養人表明「希望能有兩個星期的時間來觀察貓咪的狀態」。

POINT

- 為了讓貓咪之間能夠和睦相處，飼主需要多花一些心思把貓咪介紹給彼此雙方。
- 在正式飼養之前的試養期間，好好觀察貓咪們之間的相合度。

29 可以一次收編好幾隻貓咪嗎？

雖然有經費上與飼養空間上的問題，但一次收編好幾隻幼貓並沒有想像中的困難

同時收編好幾隻貓咪

幼貓可以飼養在同一個空間

多貓家庭在開始時可能會有各種狀況，這裡針對代表性的例子來介紹適當的處理方法。

首先，如果是同時收編好幾隻貓咪的話，當貓咪都是幼貓（尤其是同一窩貓咪）時，並不需要把每一隻幼貓分開放在不同的貓籠裡。因為幼貓本身沒有什麼領地意識，所以彼此可以相處得很融洽。但若是同時收養「兩隻成貓」等其他組合的話，則請盡量避免。因為要讓一隻貓咪習慣新環境就已經很不容易了，若是同時有兩隻以上，那就需要有更多的空間與時間。

🐾 飼養同一窩貓咪

多貓家庭的組合中，最能夠順利一起共同生活的就是彼此有血緣關係的組合了。

一般來說貓咪在出生後 2～9 星期左右的期間，會學習到自己與其他動物（包含其他貓咪）的關係，這就是貓咪的社會化過程。在這個期間和同胎兄弟姊妹一起生活，可以自然地學會咬合力道應該要多大等技巧。而且跟兄弟姊妹一起玩耍可以減輕壓力，甚至有人覺得第一次養貓的人，如果養的是同胎的兩隻貓咪，飼主的負擔會比只養一隻貓咪還要少。

當然，這樣飼養下來所需的伙食費一定會比較多，這一點也是要慎重考慮，不過同時收編同一胎的貓咪過著幸福快樂的生活，未必真的是很困難的事

如果家裡原本飼養的是其他寵物

「多貓家庭」是同時飼養了不只一隻的貓咪，其他還有原本飼養著其他種寵物的「多寵家庭」，在收編新貓咪時也有幾個重點要事先確認清楚。

若家中原本有狗狗這種可以在室內自由活動的動物，在讓貓咪與狗狗碰面之前，基本上跟原先有飼養貓咪的情況一樣，儘量先把貓咪養在別的房間裡，若情況不許可的話，也要利用貓籠等物，隔開一個原先寵物無法進入的空間，先讓貓咪逐漸習慣新環境。

此外，原本的寵物到底能不能跟新貓咪和平相處，還是要看牠們的相合度如何，這一點每個家庭的狀況可能都不一樣，不過如果新收編的是幼貓的話，通常都能與其他動物順利地培養感情。

MEMO

家裡有嬰兒時

有嬰兒或兒童的家庭要收編貓咪時，不只要注意貓咪，也要充分顧慮到嬰兒或兒童。

如果是嬰兒的話，為了避免意外發生，平時最好和貓咪生活在不同的房間。如果要讓貓咪與嬰兒互動，也應該在大人的監督下進行。此外，嬰兒對於有興趣的東西很喜歡把它放到嘴裡，所以貓飼料及貓砂都要收好不能讓嬰兒拿到。平時也要經常打掃整個家裡，以免嬰兒吃到掉落的貓毛。

而如果家裡有孩童的話，孩童有時候會突然做出大人沒有想到的動作，所以要好好教導孩童規矩，「不要做出會讓貓咪討厭的動作」。

NG — 不要太相信動物之間的交情

社群媒體上有很多貓咪跟鸚鵡等小鳥、兔子之類的小動物快樂嬉戲的照片或影片，特別是如果從幼貓時期就一起生活的話，貓咪的確可以跟很多種的動物和平相處。然而，貓咪是一種狩獵本能很強的動物，我們也無法完全排除在某種刺激下貓咪可能會出現攻擊行為的可能性。

不論是哪一種小動物生命都很重要，一起飼養的話，還是不要讓牠們互相接觸比較好。

POINT

- 多隻幼貓從一開始就可以飼養在同一個空間內。
- 讓新貓咪先住在貓籠裡去逐漸習慣原先的寵物。

30 想要把貓咪送養出去……

飼養貓咪應以一輩子為原則,但若不得已必須送養時,可利用貓咪送養網站等管道尋找認養家庭

終生飼養是原則

以飼養一輩子為原則

開始多貓家庭的生活後,原則就是一起生活陪伴貓咪到牠們終老。只要有一點點必須捨棄牠們的可能性,就不應該開啟多貓生活,而如果沒有預定要繁衍後代的話,「為貓咪進行結紮手術」更是基本原則。

不過,有些情況例如貓咪是從流浪貓救援而來的話,有時就必須要尋找能夠認養的家庭,這種情況下就可以利用「網路上的送養網站」等管道來送養。

【常見的送養方式】

● 朋友、認識的人／看看朋友或認識的人是否有能夠負責接手飼養的人,或是詢問看看大家知不知道有想要認養貓咪的人。

● 送養網站／隨著網路的普及,利用送養網站來徵求認養人已經變成最常見的方式。

● 張貼告示徵求認養人／製作告示張貼在動物醫院等處。

也可以交給貓咪中途之家收容

還有一個選項,就是將貓咪送交給各地方政府的收容所或動物保護處收容,這種方式雖然也具有可行性,但還要看各機構而定。而且,將動物交給這些機構收容是必須收費的(3個月齡以上的動物每隻約4000日圓),更重要的,是無法完全排除動物被撲殺的可能性[28]。另外,如果是非營利組織經營的貓咪中途之家,其中也有可以收養貓咪的設施,但這種情形也要收費(3個月齡以上的動物每隻約2000日圓),畢竟這些貓咪中途之家原本就不是為了飼養飼主胡亂棄養的貓咪而設置的。

[28] 台灣的收費請參考《台北市動物之家服務收費標準》,飼主辦理不續養動物之一般收容費用為新台幣8500元。

POINT

● 如果有不得已的情況必須送養出去時,可以利用貓咪送養網站等管道尋找認養家庭。

第3章

讓貓咪們
都能幸福生活的祕訣

新進貓咪與原住貓咪之間的關係會怎麼發展，
要看牠們之間的相合度。
多貓家庭的基本原則就是配合貓咪的個性飼養，
飼主只要多花一點心思，
就可以為大家帶來幸福快樂的生活。

31 新來的貓咪看起來沒什麼精神……

壓力有時也會造成健康問題，飼主必須特別留心每隻貓咪的性格以及牠們當下的情緒

貓咪的個性與基本飼養方法

要養我就要配合我的個性！

和人類一樣，貓咪也是很有個性的動物，每一隻貓咪的性格都不相同。此外，貓咪也有情緒，遇到什麼事會開心，又或者很討厭什麼事物，也要看每隻貓咪的性格。

例如很喜歡玩的貓咪，如果飼主去陪牠玩的話就會很開心，相反地，如果是對玩耍沒什麼興趣的貓咪，飼主還硬要去跟牠玩的話，就有可能會造成壓力。

🐾理解貓咪的個性

貓咪不會說話，所以要了解牠們的情緒，還有造成這些情緒的基礎也就是牠們的性格，就必須靠飼主的觀察。而最能表達出情緒的就是牠們的行為。

最清楚易懂的，是牠們對某件事物感到強烈警戒的時候，被毛會豎起並發出「嘶嘶」的哈氣聲威嚇對方。此外，貓咪當下的情緒也會透過尾巴的動作、叫聲或是表情表現出來。

多貓家庭裡即使大家都生活在同一間屋子，也不可能每隻貓咪都過得一樣舒服，飼主平時就要仔細觀察，了解每一隻貓咪的情緒。

➡ 了解貓咪的情緒請參考第 74 頁的詳細資訊。

貓咪的壓力與行為

有些貓咪並不喜歡與人類互動。

一般來說貓咪的性格是「與生俱來的」以及由「環境」所決定。在「環境」方面，幼貓時期的生長環境尤為重要，如同第68頁所提到的，貓咪在出生後2～9星期這段期間，會學習到自己與其他動物（包含其他貓咪）之間的關係（貓咪的社會化過程）。

因此如果貓咪在幼貓時期有過被人類虐待的不好經驗，成貓時性格上就會不太喜歡人類，與人類的過度互動有時也會對牠造成壓力。

🐾貓咪感受到壓力時的常見行為

貓咪一旦感受到壓力，有時就會刻意在貓砂盆以外的地方大小便。看到貓咪有這樣的行為出現時，就應該要考慮到壓力這個原因，並且要儘速排除掉壓力來源。

【貓咪感受到壓力時的主要信號】

- 沒有食慾／大多數貓咪在感受到壓力時會變得沒有精神，其中特別明顯的就是食慾變差，所以當貓咪的食量變得比平常更小時，就有可能是因為牠們感受到壓力了。
- 在奇怪的地方上廁所／貓咪感受到壓力時很可能會在貓砂盆以外的地方上廁所。不過原因也可能是噴尿行為（第23頁）或「貓砂盆不好用」，所以飼主要從多方面來確認。
- 攻擊其他貓咪或飼主／當貓咪出現「咬飼主」或是「對同住貓咪真的打起架來」等攻擊行為時，也有可能是因為壓力所造成。在養貓世界裡有一個詞彙叫做「轉移性攻擊」，這是一種貓咪因為焦躁不安所以轉而去攻擊無關的人或物（遷怒）的行為。感受到壓力的貓咪做出轉移性攻擊，結果讓被攻擊的貓咪也感受到壓力。

MEMO

性格與環境

雖說幼貓時期對貓咪性格的影響很大，但性格也會因為當下的環境而改變。不過這種改變不會立刻出現，而是必須長期觀察。

POINT

- 每隻貓咪都有其個性，在飼養上要加以配合。
- 貓咪一旦感受到壓力就會表現在行為上，例如食慾變差就是一種信號。

32▸從貓咪尾巴的動作可以看出牠們的心情嗎？

貓咪會透過動作及表情表現出牠們的情緒，
尾巴豎得直直的就表示牠們想要撒嬌了

動作或表情與情緒的關係

情緒會表現在動作上

了解貓咪當下的情緒，有助於讓生活在同一個屋簷下的大家能夠幸福生活。

貓咪的每一種情緒都可以透過動作或表情得知，尾巴的動作也是其中之一，貓咪平常處於情緒穩定的時候，尾巴會放鬆地下垂。

【尾巴的動作與情緒】

● 尾巴大幅擺動

尾巴大幅擺動代表貓咪正持續累積著壓力，或是覺得焦躁憤怒。如果貓咪被抱起來的時候尾巴一直甩來甩去，有可能表示牠並不喜歡被抱起來。

● 尾巴垂直豎起

當貓咪尾巴豎得直直的跑來靠近自己，就表示牠「很開心」、「想跟飼主撒嬌」了。有時候牠們想吃飯了也會做出這種動作。

只有尾巴末端在擺動表示貓咪對眼前的某種東西感到興趣了。

🐾叫聲與情緒

叫聲也是了解愛貓情緒的線索之一。短促的貓叫聲「喵！」表示貓咪在對飼主或同住貓咪打招呼，特別要注意的是「嘎啊！」這種彷彿大聲哭叫的聲音，可能是尾巴被踩到這一類瞬間感到疼痛的時候發出來的。

MEMO

每隻貓咪都不太一樣

這裡介紹的只是最一般的例子，每一隻貓咪表現的方式都不太一樣，所以平常就要仔細觀察自己的愛貓。

🐾姿勢與情緒

在姿勢與情緒的關係方面,最容易看出來的就是貓咪在進入攻擊態勢的時候,會做出腰部向上拱起、前肢蓄滿力量、可以隨時猛撲出去的姿勢。

另一方面,當貓咪感到害怕時,則會做出身體縮成一團蹲坐在地上的姿勢。

🐾表情與情緒

貓咪跟人類一樣,情緒也會表現在臉上,例如貓咪的耳朵,可以以自己的意志隨意活動,通常會朝著集中聽取聲音的方向。而在情緒表現方面,當貓咪表示自己對某件事物感興趣時,則會把耳朵豎得直直的。

另外,貓咪在威嚇對方的時候會張開嘴巴,做出認真的攻擊性表情。不過因為這個時候貓咪的內心其實可能是在害怕,所以飼主要多多留心,不要讓貓咪有做出這種表情的機會喔!

🐾睡相與情緒

「四腳朝天」是貓咪最具代表性的可愛姿勢,貓咪有時候就會睡成四腳朝天、露出肚子仰躺的姿勢。

像貓咪這種四足步行的動物,腹部是牠們的弱點,而四腳朝天的姿勢就代表把弱點露出來。也就是說,「睡成四腳朝天」的樣子,就表示貓咪覺得這個環境很安全,是一種信賴飼主的表現。

POINT

- 貓咪會透過動作或表情來表達情緒。
- 要了解愛貓的情緒,平常就要多多觀察牠們的動作及表情。

33▶如何判斷貓咪之間的友好程度？

如果有身體靠在一起睡覺、彼此互相舔毛的情況，就表示貓咪已經開始信任對方

貓咪之間距離與友好程度

靠在一起睡覺就是
感情良好的證據

　　貓咪與貓咪之間的距離也能顯現出牠們的友好程度。在開始進入多貓家庭之後，如果發現貓咪們已經睡在一起了，就表示這兩隻貓咪之間的關係已經沒有問題。因為睡覺的時候無法防備，因此能靠在一起睡覺就表示信任對方。另外，第 19 頁所提及的貓咪去舔其他貓咪的身體，也是感情良好的證據。

🐾貓咪們睡在一起的理由

　　即使不是在睡覺，幼貓也經常把身體與同胎的兄弟姊妹靠在一起，這應該是因為緊貼著別隻貓咪的身體可以讓貓咪得到安全感。

　　此外，貼著同伴也可以取暖防寒，所以貓咪會和飼主一起睡覺的理由之一，也是因為「這樣會很溫暖」。

貓咪世界裡的上下關係

　　由於我們人類是集體行動的生物，所以會形成社會，並存在著上下關係。這讓我們很容易把貓咪的世界也想像成這樣的結構，事實上也的確有「貓老大」這樣的詞彙。

　　就像多貓家庭裡餵飯的順序最好要以原住貓咪為優先一樣，要說牠們完全感受不到貓咪之間的上下關係也不算對。

　　然而貓咪世界裡的上下關係其實是非常曖昧的，一般都認為無法清楚界定。以一家人一起飼養貓咪為例，如果貓咪對媽媽和對女兒的態度不同，這並不是貓咪本身有建立所謂的上下關係，而只是以「自己喜不喜歡這個人」為基準而已。

分辨嬉鬧與打架的不同

　　如何「分辨貓咪是在嬉鬧還是在打架」，也是多貓家庭的困難處之一。一旦貓咪是在真心攻擊其他貓咪，就有可能讓受攻擊的貓咪受傷，所以這一點必須特別注意。不過有一件事可以告訴大家，室內飼養的貓咪其實很少會真心打架，這是因為野貓會為了食物資源而爭搶地盤，但室內飼養的家貓並不需要去擔心「沒有食物」這件事。此外，結紮過後的貓咪，也很少為了爭奪異性而真心打架。

　　很多時候貓咪之間的打鬧乍看之下會很像是在打架，但其實這都還在嬉鬧的範圍內。由於嬉鬧也可以讓貓咪消除壓力，在感覺到牠們好像在打鬧的時候，飼主也不一定要馬上去勸架。

打架來真的

　　雖然狀況可能有所不同，但一般而言貓咪之間在嬉鬧時不會伸出爪子用前肢攻擊對方的臉部。換句話說，如果看到貓咪有這樣的攻擊行為時，飼主就必須要介入這種真的打架了。

➡阻止貓咪打架的方法可參考第82頁之詳細資訊。

【真心打架的特徵】

- **攻擊方式**／伸出爪子用前肢攻擊對方的臉部。另外，不是輕輕啃咬而是用力咬對方到對方發出哀叫的程度時，也是真心在打架。
- **低吼聲**／貓咪發出「嘶嘶」的威嚇叫聲，或是發出平常沒聽過的聲音時，也很可能不是在嬉鬧。
- **固執的攻擊態度**／基本上貓咪們如果是在互相嬉鬧的話，只要其中一方跑掉就會結束了。但若是其中一方堅持追逐逃跑的一方時，飼主就必須介入了。

POINT

- 出現一起睡覺等拉近距離的行為是貓咪同伴間感情良好的證據。
- 伸出爪子用前肢攻擊對方臉部表示貓咪是在真心打架，飼主此時必須介入去勸架。

34 貓咪不願意和自己一起玩……

在貓咪想玩的時候再去跟牠們玩。想要與貓咪互動，必須先分辨貓咪的情緒後再進行

跟貓咪一起玩

用我喜歡的方式跟我玩！

「把貓咪抱起來」、「撫摸牠」……飼主可以跟貓咪進行各式各樣的互動，跟牠一起玩，也是互動的方式之一。多貓家庭的好處之一，就是「貓咪可以跟同伴一起玩，彼此都能消除壓力」，不過如果飼主偶爾也能一起玩的話，貓咪會更開心。一般來說貓咪的耐力並不高，注意力也無法持續太久，所以每一次玩耍要控制在15分鐘左右即可。

【跟貓咪一起玩的重點】

- 不要讓牠玩膩了／每次玩耍的時間最長大概15分鐘就夠了。
- 分辨貓咪的情緒／不要勉強貓咪跟你玩，請在貓咪想玩的時候再一起玩。
- 判斷貓咪的喜好／貓咪有喜歡的遊玩方式跟玩具類型，多試幾種找出貓咪的愛好。

把貓咪抱起來

把貓咪抱起來是帶貓咪去動物醫院等地方時一定要做的事，因此平時就要讓貓咪儘量習慣這種動作。

基本的抱貓方式，是用兩手穩定地將貓咪抱住貼緊自己的身體，不要讓牠能夠爬來爬去。接著視情況調整手臂的位置，讓貓咪能夠安心地待在飼主的身上。如果感覺貓咪不喜歡抱抱的話，也不要勉強牠，而是要漸漸讓牠習慣抱起來的動作。可以的話從幼貓時期就要經常把貓咪抱起來，養育成不會討厭抱抱的貓咪。

撫摸貓咪

貓咪有想要被摸、被摸也沒關係、不想被摸的時候。

一般來說貓咪呈現放鬆的橫躺姿勢時，就是撫摸牠跟牠互動的好時機。

相反地貓咪在吃飯或是玩耍的時候，則最好不要摸牠。

還有，撫摸貓咪的下巴會讓牠覺得很舒服！

【被摸時會覺得很舒服的部位】

* 臉部周圍／撫摸貓咪的下巴、頭頂等臉部周圍的部位會讓牠覺得很舒服。
* 背部／順著貓咪的毛髮從背部的肩膀位置摸到臀部是撫摸貓咪的基本動作。
* 尾巴根部／輕輕拍打貓咪背部靠近尾巴根部的位置，是貓咪很喜歡的動作。

和貓咪說話

和貓咪說話也是與互動的方式之一，儘管每一隻貓咪都不一樣，但有些貓咪在聽到有人喊牠名字時會回應或者靠過來。由於大聲喊叫會嚇到貓咪，請記得用穩定開朗的音調跟貓咪說話喔！

NG─責罵貓咪是沒有任何意義的

貓咪是基於本能在行動的動物，即使做出讓飼主困擾的行為也並沒有惡意。而且就算飼主罵了牠們，牠們也不會把被罵這件事與自己的行為聯結在一起，換句話說，責罵貓咪本身是沒有任何意義的。

伸手打貓、或者是伸手空揮假裝要打貓也是不能做出的行為，這種行為會讓貓咪變得不相信飼主。

就像不能給貓咪吃到的東西飼主就應該把它收好一樣，如果貓咪做出了讓飼主困擾的問題行為，基本的處理方式應該是把行為的起因移除掉才對。

POINT

* 與貓咪互動時要先分辨貓咪的情緒再進行。
* 對飼主而言的問題行為，應該事先把行為的成因移除掉才是正確的處理方式。

35▶我家的貓咪不太愛喝水怎麼辦……

視情況可選擇一些實用的寵物用品，例如市售的循環式飲水碗可能會讓貓咪變得比較愛喝水

對健康方面有益的寵物用品

由於愛貓的人愈來愈多，各種技術也愈來愈發達，市面上實用的寵物用品可說是不斷增加。這裡就來介紹幾種對多貓家庭有用的的寵物用品。

首先，是最近深受愛貓人士歡迎、有著獨特形狀的不鏽鋼除毛梳，可以貼合貓咪的身體輕鬆將大量的廢毛梳下來。不但可以避免屋內到處是貓毛的狀態，也可以有效預防貓咪的毛球症。

能夠簡單地將廢毛梳掉

MEMO 什麼是毛球症？

所謂毛球症，指的是貓咪在為自己理毛的時候會把少量的毛髮吞下去，最後在胃腸等消化器官內形成毛球，並進而引發各式各樣症狀的疾病。

🐾床型貓抓板（貓抓床）

為了避免貓咪們在嬉鬧時抓傷對方，最好都不要讓貓咪的趾甲長得太長。

飼主除了要定期幫貓咪剪趾甲外，家裡最好也要有貓抓板來讓貓咪磨爪。而能夠當作貓睡床的貓抓板有很高的實用性，外觀看起來也很時尚。

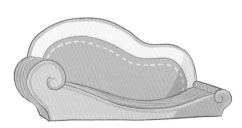

🐾循環式飲水碗

所謂「循環式飲水碗」，是一種內部裝設有馬達幫浦，透過幫浦讓水不斷循環流動的水碗。貓咪跟人類一樣為了維持健康需要補充適當的水分，但有些貓咪不太喜歡喝水，由於貓咪喜歡流動的水更勝於靜止不動的水，所以循環式飲水碗或許能讓貓咪自發性地去多喝一點水。

🐾充滿巧思的寵物用品

最近有愈來愈多樣化且充滿巧思的貓咪用品（玩具）出現，例如貓咪可以進去跑步的「貓咪跑步機」，外型就跟放大版的倉鼠滾輪一樣，或者是貓咪專用的打地鼠玩具等等。每隻貓咪的喜好各不相同，如果能找出牠們喜愛的玩具，貓咪既會感到開心，也能解決運動不足的問題以及消除壓力。

可以應用在多貓家庭的用品

有些寵物用品多花一些巧思就可以變成對多貓家庭很有用處的道具，例如寵物尿布墊，就是一個極為有用之物。

比如說大家通常都會把貓砂盆做為貓咪的廁所，而如果在貓砂盆的周圍鋪上一層尿布墊，就能有效防止周遭環境被貓砂弄髒。

🐾保存食物用的封口夾

開封過的乾飼料最好能儘量避免接觸空氣，這時候就可以使用保存食物用的封口夾夾住飼料袋開口。封口夾在生活用品店就有賣，市面上也有販售可以夾住貓咪飼料袋的長形封口夾。

ＰＯＩＮＴ

● 最近市面上有各種類型的貓咪用品在販售，其中有些用品有助於維持貓咪的身體健康，必要時請記得多加利用。
● 有些寵物用品例如寵物尿布墊等，多花一些巧思還可以派上不同的用場。

36 ▶ 貓咪發生打架情況時飼主該怎麼辦？

室內飼養的家貓打架時通常不會太過認真，大多只是彼此在嬉鬧而已，飼主介入前要先分辨清楚

貓咪之間的打架

首先要分清楚是什麼狀況

多貓家庭特有的問題之一，就是貓咪之間的打架。不過關於這個問題，有一個資訊要事先告訴大家，那就是飼養在室內的同住貓咪，通常都只是在打打鬧鬧而不是真心打架。此外，幼貓之間或是成貓對幼貓，基本上更是不會真心打起來。

貓咪之間的嬉鬧可以消除壓力，所以就算乍看之下很像在打架，但其實只是在打打鬧鬧的話，飼主並不需要去勸架。

此外，如果飼主硬是要去介入勸架的話，有時候反而會被興奮中的貓咪攻擊而讓自己受傷。為了避免這種情形發生，分清楚什麼是嬉鬧什麼是打架就是很重要的一件事了。

➡ 如何分辨是否打架請參考第 77 頁之詳細資訊。

如何預防貓咪打架

野貓之間的打架，通常都是會了搶奪食物資源，因此除了某些特別的原因之外，不要讓貓咪們處於極度飢餓的狀態可有效防止打架的發生。另外，結紮手術能夠降低貓咪的攻擊性，也就能防範打架於未然了。

MEMO

貓咪世界裡的霸凌

貓咪是喜歡單獨行動的動物，所以在貓咪的社會裡，並不會發生一群貓咪集體攻擊一隻貓咪的霸凌事件。

如果真的發生類似情況的話，應該是有某種特別的原因，這種時候最好詢問當地的動物保護中心等機構。

阻止貓咪打架的方法

　　想要阻止貓咪打架，最基本的方法就是轉移雙方的注意力，例如「用手敲擊東西發出巨大聲響」就是方法之一。

　　最錯誤的方式就是飼主伸手去拉開打架中的貓咪，因為這樣很可能被興奮中的貓咪攻擊而讓自己受傷。

【阻止貓咪打架的方法】
- 用聲音吸引牠們的注意力／突然大聲喊叫，或是敲擊東西發出聲響來吸引貓咪的注意力。
- 對著貓咪噴霧／使用噴霧器往貓咪身上噴水。
- 把毛巾丟在貓咪身上／把毛巾之類不會讓貓咪受傷的物品丟到貓咪身上。

貓咪因打架而受傷時

　　當貓咪們打完架雙方都冷靜下來之後，飼主第一件要做的事就是仔細檢查貓咪有沒有哪裡受傷。除了劃傷等從外觀就能發現的傷口外，也要檢查貓咪有沒有出現「特別在意自己身上的某個部位，一直去舔那裡」或是「走路的樣子跟平常不一樣」等行為上的異常。

如果貓咪受傷的話

　　觀察貓咪的樣態，如果覺得有哪裡怪怪的，請儘速帶牠到動物醫院檢查。

　　面對貓咪受傷飼主能做的事情不多，例如劃傷，如果飼主消毒方式錯誤的話有時候反而會延誤傷口的癒合。

　　此外，貓咪之間如果真的打起架來，飼主應該要仔細思考造成的原因以免再次發生，並設想好預防的對策。

MEMO

飼主受傷的話也要就醫

　　如果飼主因為勸架而被貓咪攻擊受傷的話，視情況最好也要就醫。

　　特別要注意的就是有些人在受傷 3～10 天後傷口周圍或是淋巴結有腫大的情形，一旦出現這種症狀，就有可能是感染了「貓抓病」，這是一種細菌感染所造成的疾病。

POINT
- 飼養在室內的貓咪通常只是在嬉鬧，飼主要先分辨清楚狀況。
- 貓咪打架時最基本的勸架法就是分散貓咪的注意力，例如用手敲擊物品發出聲音。

37▶要怎麼防止貓咪搶食？

不必責罵，可利用在餵食前先喊貓咪的名字等方式，避免搶食情況發生

預防貓咪搶食的基本方式

仔細觀察貓咪進食

多貓家庭在餵貓咪吃飯的時候，請避免把大家的食物都放在一起，而是儘量讓每一隻貓咪都有自己專屬的貓碗，如此一來，也可以配合每一隻的狀況調整餵食量跟餐食內容。

而多貓家庭特有的搶食問題，則是讓很多飼主都頭痛不已，有不少飼主家裡的貓咪甚至會把另一隻貓咪的飯完全搶光光。

若想要防止這種搶食情況的發生，飼主首先能做的，是平時就要仔細觀察貓咪們吃飯的樣子。如果都沒在觀察的話，說不定某隻貓咪都已經把別隻貓咪的飯吃光光了飼主也沒發現。

NG▶不要放任有健康問題的貓咪去搶別貓的飯

和我們人類一樣，飲食也是貓咪健康生活裡的一大要素，因此為了貓咪的健康，飼主看到有搶食情況時請不要放任不理，而是要設法去預防這種問題的發生，因為這對搶食的那一方或是被搶食的那一方都不是好事。尤其是愛搶別人飯的貓咪，會攝取到必要以上的熱量，有可能造成肥胖的問題，而肥胖又是關節炎、心臟病等各器官功能出現障礙的原因。

搶食還有一個壞處，那就是貓咪之間如果餐食內容不同的時候，搶食的貓咪就會吃到不適合吃的食物。例如因為某種原因而必須吃處方食品的貓咪，如果去搶了其他貓咪的一般食物來吃，那麼很可能就無法得到充分的處方食品效果了。

調整餵飯方式

在本書第 79 頁曾說過，責罵貓咪是沒有任何意義的事，而在搶食問題這方面，同樣希望飼主不要責罵貓咪，而是設法來預防此問題的發生。

其中一個辦法，就是在餵飯的時候分別呼喚貓咪的名字，如此一來，貓咪就會知道這一碗飯才是牠的，其他碗飯則是別隻貓咪的，然後不去吃其他貓碗裡的食物。

另外，餵飯的順序最好以原住貓為優先，不這樣的話可能會得罪原住貓，然後導致原住貓去搶新來貓咪的飯。

拉開各貓碗之間的距離

也可以試著拉開貓碗的距離，還可以在不同的房間餵飯，有不少老經驗的飼主會這樣做；在貓籠裡餵飯也是一種方法。

此外，在貓碗與貓碗間立起隔板有時也可以防止貓咪搶食。

沒吃完的食物要收掉

如果家裡有比較貪吃的貓咪飼主又想要控制牠的食量時，如果把沒吃完的食物一直留在碗裡，貪吃的貓咪可能會去把食物全部吃光光。雖然每隻貓咪吃飯的速度都不一樣，但如果想要防止貪吃貓咪去搶別貓的食物，餵飯可以採用定時方式，在超過 30 分鐘以後就把沒吃完的食物收掉。

MEMO

貓咪搶食的原因

除了吃完自己的飯後去搶別貓的飯之外，有的貓咪甚至會「吃碗內看碗外」，明明碗裡還有食物卻去搶別貓的飯。造成這種現象的原因目前還沒有一個正確答案，不過一般來說「別人碗裡的飯比較香」這句話也適用在貓咪身上，明明是一樣的食物，但隔壁貓碗裡的飯看起來就是比較好吃。

NG 飼主無須太勉強自己

雖然想為愛貓們打造出一個理想的環境，但如果過度追求理想的話，與現實的差距有時也會對飼主造成壓力。以貓咪的飲食來說，雖然最好把貓飼料外包裝袋上標示的每日建議餵食量分成 2～3 次餵食，但如果所飼養的貓咪吃的都是同一種飼料、而且家裡也沒有貪吃貓咪的話，採用把飼料放在貓碗裡任貓咪吃到飽的「任食」方式餵食其實也沒有什麼問題。對飼主來說，「做自己力所能及的事就好」也是很重要的想法喔！

POINT

- 如果家中貓咪有健康問題的話，要特別小心搶食的情況發生。
- 調整餵飯的方式可以防止搶食問題發生。

38▶每隻貓咪喜歡的地方都一樣？

貓咪喜歡待在某些特定的環境，因此家中儘量多準備牠們喜歡的地方，以避免貓咪們彼此搶位置

貓咪喜歡待的地方

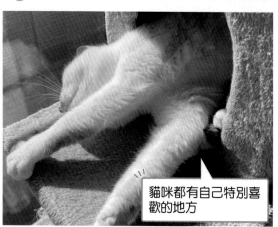

貓咪都有自己特別喜歡的地方

每隻貓咪都有特別中意的地方，在那裡牠們會特別的輕鬆愜意，簡單來說也就是牠們的睡床。大部分的貓咪會決定自己的睡床並且每晚都睡在那裡，但也有很多貓咪會隨著季節或自己的心情改變自己睡覺的地方。

如果是多貓家庭的話，一旦貓咪們同時看上一個地方，那麼爭搶位置這件事就可能會對貓咪造成輕微的壓力。

在某處繞來繞去

看到自己中意的地方已經有別的貓咪時，根據性格或當下的狀況每隻貓咪會採取的行動可能都不太一樣。

一般來說，貓咪們不太會因為這種事情而真的打起架來。比較常見的是貓咪會有點焦躁不安的樣子，然後在自己中意的地方附近繞來繞去。

另外也有貓咪會出現「跑去走廊等不太適合睡覺的地方睡覺」或「一直舔佔了牠中意位置的貓咪的身體」的行為。

MEMO

家貓的領地意識

飼養在室內的家貓也有領地意識，不過並不像野貓那麼強烈。基本上並不會出現「客廳是我的地盤，如果有其他貓咪進到客廳我就要攻擊牠」這種事。不過如果是睡覺或吃飯這種比較窄範圍的私貓領域，在其他貓咪進入時就有可能會威嚇對方。

另外，貓咪也會採取「用身體磨蹭」、「在柱子上磨爪」、「噴尿行為」等標記自己領地的行為。

要解決多貓家庭貓咪間可能會發生的衝突，最基本的方式就是飼主在事前就將可能引發衝突的因素移除掉。以貓咪喜歡的地方來說，就是為牠們準備更多個地方供牠們選擇，以免牠們互相爭搶位置。

例如可以待的高處，或是能夠放鬆心情的陰暗安靜之處，都是貓咪通常會喜歡的地方。

【貓咪喜歡的地方】

- 溫度舒適的地方／夏天要涼爽、冬天要溫暖，貓咪很會找自己喜歡的地方休息。
- 高處／高處是貓咪能夠看清全貌所以可以安心休息的地方，此外，據說也與牠們喜歡爬樹的習性有關。
- 陰暗安靜的地方／陰暗又安靜的地方可以讓貓咪安心地睡覺。
- 狹窄的地方／很多貓咪都喜歡鑽到袋子裡或箱子內等狹窄的地方，一般認為這可能是因為這些地方可以確保貓咪自身的安全。

🐾貓咪對睡床的喜好

貓咪有著忽冷忽熱的一面，這也是牠們的魅力所在。

例如貓咪的睡床，如果貓咪原本喜歡的睡床也被另外一隻貓咪看上了，然後飼主因此而多準備了一個一模一樣的睡床放在旁邊，貓咪也未必就會對新床賞臉。由於貓咪有時也會對一些奇奇怪怪的東西特別喜歡，所以飼主可以多方嘗試看看。

MEMO

有時也會有無法自己下來的情況

貓咪很喜歡往高處爬，所以經常會爬到各式各樣的東西上面，但有時候也會有自己下不來的情況，此時就需要飼主的幫忙。

POINT

● 儘量多準備幾個貓咪會喜歡的地方，例如陰暗且安靜的地方。

39▶如果貓咪之間一直無法和平相處的話該怎麼辦？

如果彼此真的經常想要打架的話，可利用籠舍等用品，將牠們生活的空間隔開

飼主應有的觀念

人類與貓咪的社會是不一樣的

在多貓家庭裡，如果真的怎麼樣也無法讓貓咪們和平相處時，飼主該怎麼辦呢？

首先飼主應該要知道，貓咪是喜歡單獨行動的動物，所以飼主可能要改變一下原來對「多貓家庭之幸福生活」的美好想像。

不要過度期待，也不要有錯誤的認識，才是飼主應有的觀念喔！

●對貓咪而言的幸福生活

舉例來說，同一胎的幼貓玩在一起、睡在一起是很常見的景象，而有些飼主可能會把這種狀態當作是「多貓家庭的幸福生活」。但是，這種景象的前提是「同胎兄弟姊妹」跟「幼貓」，對於已經長大的成貓來說，就算是兄弟姊妹，每一隻貓咪都有各自的生活步調。

其實只要貓咪之間不要真心打架到受傷，每隻貓咪也都能健康、無壓力地生活，這就已經算是「多貓家庭的幸福生活」了。

MEMO

貓咪的反抗期

一般來說幼貓是很天真無邪的，所以很喜歡與飼主玩在一起。但隨著年齡成長，有些貓咪可能會變得沒有那麼愛玩。另外，貓咪的發育十分快速，從出生後的 6 星期到 2 個月開始，就會漸漸變得獨立自主，這些變化在飼主的眼中，有時候也會被當成是貓咪的反抗期。

如果貓咪之間真的經常打架，怎麼樣也無法在同一個空間一起生活的話，解決辦法之一，就是把各自的生活空間隔開。

例如讓貓咪分別住在一樓跟二樓，中間架設防止貓咪脫逃的柵欄，讓牠們無法彼此往來各自的空間。這種情況下當然也別忘記要分別準備各自的睡床及貓砂盆。

利用防止貓咪脫逃的柵欄，將生活空間區隔開來

以貓籠隔開

若是因為居家環境等因素無法為貓咪準備各自的生活空間，那麼此時可利用貓籠來達到這個目的。

由於平等地對待每隻貓咪是多貓家庭的基本原則，所以要儘量準備與飼養隻數相同數量的貓籠，在其中一隻貓咪從貓籠出來的時候，讓另一隻貓咪進到貓籠內。而睡覺的時候則是讓貓咪分別睡在各自的貓籠內，同時記得儘量不要讓牠們可以看到彼此的樣子。

諮詢相關人員

還有一個選項，就是找相關人員進行諮詢。因為每隻貓咪都有其個性，諮詢的對象可以找原先的飼主或是家庭獸醫師等對愛貓了解的人。或許在討論過後可以找出飼主沒有發現到的原因或方法。

POINT

● 如果貓咪之間無法和平共處的話，可以利用「分別住在不同的樓層」或「利用貓籠隔開」等方式，安排成貓咪之間無法互相接觸的飼養環境。

40▶貓咪爭寵時該怎麼辦？

在以原住貓為優先的同時，也要平等對待所有飼養的貓咪們

貓咪表現要求的行為

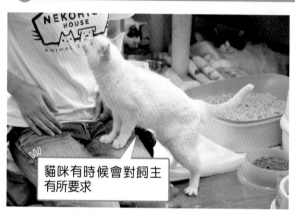

貓咪有時候會對飼主有所要求

貓咪有時候也是一種「很會嫉妒的動物」，從飼主的角度來看，有些貓咪真的會做出很像吃醋的行為。

包括嫉妒的情緒，貓咪在對飼主有所要求的時候，會出現「向飼主喵喵叫」等行為。

【貓咪想要什麼的時候】

● 一直纏著人不放

　　貓咪想要被抱抱的時候會一直纏著飼主，屬於可以輕鬆看出貓咪心情的行為之一。

● 對著飼主喵喵叫

　　對著飼主喵喵叫是一種希望飼主做某件事的信號。

● 故意調皮搗蛋

　　隨地大小便、把東西弄倒等等，貓咪有時會故意做出吸引飼主注意力的行為。

● 輕咬

　　有些貓咪在希望你陪牠玩的時候會輕咬你靠近牠的手。

🐾趴在報紙上或電腦上

　　當飼主在看報紙時特地趴到報紙上是貓咪想要飼主陪牠玩的信號，至於當飼主在電腦前工作時，貓咪會跑來趴在鍵盤上也是同樣的意思，不過還有一個可能的原因，那就是「電腦上面比較暖和」。

貓咪對飼主的爭寵

　　雖然不會發展到真的打起架來，但「貓咪之間的爭寵」，也是多貓家庭飼主的煩惱之一。

　　有些貓咪甚至會對著正被飼主抱著的貓咪撞過去。

以同樣的態度對待每隻貓咪

　　貓咪爭寵的處理方式，就是飼主要平等地對待每隻貓咪。如果有不只一隻貓咪想要抱抱時，就輪流把每隻貓咪抱起來，不要有所遺漏，並且要以原住貓咪為優先。

如果能抱得起來，也可以同時抱起兩隻貓咪

不願放下玩具

　　平時很會玩玩具的貓咪，某次突然不知道什麼原因開始咬著玩具不肯放下，有時甚至會發出低吼聲。

　　會出現這種情況，可能是因為貓咪的野性被激起，另外也有可能與牠們的佔有欲有關。

用其他玩具分散貓咪的注意力

　　由於貓咪的集中力不會持續太久，基本上等牠自己冷靜後就會把玩具放下來了。不過如果是容易被誤吃下去的東西，當牠們咬著不放的時候就要特別小心了。飼主必須仔細觀察貓咪的樣子看牠會不會把東西吞進肚子裡，如果真的把東西吞下去的話，就要儘快帶去動物醫院就醫。為了防止這種誤食的情況發生，飼主可以利用別的玩具分散貓咪的注意力，再趁機把原來的玩具拿走。

MEMO
貓咪去抓蟲蟲時該怎麼辦？

　　說到貓咪大家都知道牠們會去驅趕老鼠，但其實牠們有時也會去捕捉螳螂或蟬等大型的昆蟲。大家可能會擔心這些蟲蟲吃下去會不會怎麼樣，不過大多數的貓咪其實只會去狩獵而已，並不會把它們吃下去。另外，由於這些蟲蟲吃下去也不會中毒，所以通常也不會馬上出現問題。只是說這些生活在自然環境下的小動物或昆蟲很可能身上有寄生蟲，所以這方面也是要注意一下。

POINT
● 要多留心貓咪的樣子，看看牠們是不是對自己有所要求。

41 ▶「貓咪踏踏」是什麼意思？

這種行為具有特殊意義。貓會用前腳交互踩踏柔軟的地方，一般認為此動作是從幼貓時期留下的

貓咪特有行為的意義

「貓咪踏踏」是幼貓時期留下來的行為

在開始多貓家庭之後，一定會看到愛貓們有時會做出一些獨特的行為。

例如用前腳交互踩踏柔軟的墊子或棉被、被暱稱為「貓咪踏踏」的動作，就是很常見的一個行為。

這種「貓咪踏踏」，一般認為是從「幼貓在喝奶時為了讓母乳比較容易分泌，所以用前腳去踩踏母貓乳房的行為」留存下來的。

MEMO

貓咪折手手

「折手手」（日文為「香箱座り」，香箱是放薰香的盒子，是一種長方體）也是貓咪很可愛的動作（姿勢）之一。所謂「折手手」（香箱座り），就是貓咪把兩支前腳折起來收在身體下方的趴坐姿勢，外型如同薰香盒子一樣，所以才有這種叫法。由於這種姿勢沒辦法馬上站起來，所以表示貓咪是處於一種很放鬆的狀態。另外還有一種說法，是這種姿勢可以溫暖覺得寒冷的前腳。

貓咪為什麼會凝視著空無一物的地方？

貓咪有時候會一直看著某個什麼東西都沒有的地方，看起來就像是「看到鬼了」一樣。

會出現這種行為的原因目前還不清楚，可以說是眾說紛紜。而其中比較有力的說法，是貓咪在利用自己比人類還要優秀的聽覺或嗅覺，朝著某個方向集中探查聲音或氣味。也有說法認為貓咪是在進行沉思。

POINT
● 「貓咪踏踏」等貓咪特有的行為，都具有其各自的意義。

第4章

多貓家庭的
健康管理

每一位飼主都希望自己可愛的貓咪們能夠健健康康，
為了做到這一點，「早期發現、早期治療」極為重要，
也就是當貓咪有什麼奇怪的地方出現時，
希望飼主都能馬上發現。
而若能事了解貓咪疾病的基礎知識，也會對此有所幫助。

42▸貓咪會感冒嗎？

貓咪也會得到感冒，症狀同樣是打噴嚏或流鼻水。飼主平時就要多觀察貓咪的健康狀態

貓咪的健康

健康是
幸福的基礎

和我們人類一樣，貓咪也會生病。想要跟貓咪們幸福地生活，健康就是基礎。由於維持健康的一大重點就是早期發現、早期治療，所以身為飼主平常就要仔細觀察自己的愛貓們有沒有出現什麼變化。

貓咪的疾病有各式各樣的種類，其中也有一輩子都擺脫不掉的疾病。不過換一個角度來看，若是能成功地與疾病共存，貓咪同樣也有機會安享天年。從這個意義來說，飼主很需要對疾病的正確知識有所了解。

🐾貓咪的感冒

貓咪也會跟人類一樣會生病感冒，症狀同樣是身體不舒服、打噴嚏或流鼻水。這種「貓咪感冒」，有時會讓貓咪因為鼻塞而食慾變差，症狀嚴重一點的話還可能導致肺炎。貓咪感冒的病因基本上都是病毒感染，而貓咪建議施打的疫苗內也包括了可以預防貓咪感冒的種類，所以定期施打疫苗是能夠有效預防感冒的。另外，病毒造成的貓咪感冒不會傳染給人類，同樣地人類的感冒也不會傳染給貓咪。

➡有關貓咪疫苗的詳細資訊請參考第 58 頁。

MEMO

新型冠狀病毒與貓咪

針對新型冠狀病毒與貓咪的關係，日本厚生勞動省有公布幾個可能是由人類傳染給貓咪及狗狗的病例報告。另一方面，則沒有報告指出新型冠狀病毒會由寵物傳染給人類。不過也有報告指出，貓咪對於新型冠狀病毒的感受性似乎比其他動物還要高（截至 2023 年 1 月之資訊）。

造成貓咪生病的原因中，除了會造成感冒的病毒感染之外，還有遺傳性疾病及其他種病因。另外，壓力也可能是間接造成疾病的原因。

貓咪常見的疾病有尿道結石、膀胱炎及慢性腎臟病等。膀胱炎與慢性腎臟病常常會一併發生，且根據資料顯示，有22%的貓咪有膀胱炎或慢性腎臟病的問題。

➡貓咪的主要疾病及防範措施請參考第106頁之詳細資訊。

造成疾病的主要原因

從造成貓咪疾病的主要原因來看，其實有不少地方是飼主可以想辦法預防的。

【主要的病因與飼主應注意的地方】

- **病毒／**

  病毒造成的疾病很多，「貓病毒性鼻氣管炎」、「貓白血病病毒感染症」、「貓免疫缺陷病毒感染症」都屬於此類。

  而飼主能夠做到的防範措施，就是「避免讓貓咪與其他貓咪（野貓）接觸」。

- **壓力／**

  「壓力是萬病之源」這句話，在貓咪及人類身上都是一樣的。比較容易看出來的症狀有「沒有精神」、「食慾減退」等，也因此常常被診斷為「腸胃炎」等病。

  飼主該做的就是給貓咪一個良好的飼養環境，例如確保家中貓咪有足夠可以放鬆嬉戲的空間等，讓貓咪不要感受到壓力。

- **遺傳性疾病／**

  目前已知貓咪有幾種遺傳性疾病諸如「貓多囊性腎臟病」、「肥大性心肌病」等。若是純種貓的話，根據貓種也有不同的好發疾病。

- **生活習慣／**

  運動不足或是不健康的飲食生活也會造成疾病，也就是説貓咪也會有生活習慣病，尤其是肥胖更要特別小心。

POINT

● 貓咪可能會發生各式各樣的疾病，飼主平時就要多加觀察貓咪的狀態，並且給貓咪一個良好的飼養環境。

43 貓咪需要剪趾甲嗎？

雖然各方說法不同，
但如果是多貓家庭的話
貓咪還是應該要剪趾甲

貓咪的臉部護理

一邊確認貓咪的健康狀態，
一邊幫貓咪進行護理

貓咪雖然會清理自己的臉，但如果發現有眼屎或是臉上有髒汙時，還是應該要幫牠們擦拭乾淨，這樣可以有效預防淚痕（眼睛周圍被淚液的成分染成咖啡色）的出現。清潔方法為使用乾淨的棉花輕柔地擦拭，並注意不要弄到眼睛。

飼主幫愛貓進行日常護理也具有檢查貓咪健康狀態的意義，所以這個時候也要順便確認「眼睛等部位有沒有出現跟平常不一樣的地方」。

鼻子、耳朵及下巴

貓咪的鼻子上如果稍微沾到咖啡色的鼻屎時，可以用棉花或手指把它清潔乾淨。

而在耳朵的清潔方面，其實貓咪的耳朵如果本身沒有什麼問題的話，並不會有太多的耳垢在裡面。所以只要耳朵沒有出現發臭或發紅的情形，飼主並不需要勉強去幫貓咪清耳朵。除非在可見範圍內看到明顯的耳垢時，再用乾淨的溼巾擦乾淨即可。

還有一個貓咪自己不容易清潔到的部位，就是下巴。如果看起來髒髒的，可以用乾淨的棉花沾水擦拭。

NG 不要使用棉花棒

基本上在清潔貓咪的臉部時最好都不要使用棉花棒，因為用在眼睛周圍可能會不小心戳到眼睛，耳朵那裡也沒必要用棉花棒去清理耳道的深處。

MEMO 貓咪的刷牙

針對飼主該不該為貓咪刷牙雖然是眾說紛紜，但基本還是能幫牠們刷牙比較好，目前市面上也有販售幫貓咪刷牙的工具。

　　有不少多貓家庭的貓咪們在打打鬧鬧的時候，會用自己的趾甲去抓傷對方。而且如果貓咪的趾甲太長，一旦牠們跳上窗簾，也有可能被窗簾勾到趾甲而流血。

　　多貓家庭的飼主平時就要確認貓咪趾甲的長度，到了該剪趾甲的時候也要記得幫牠們剪。

【幫貓咪剪趾甲】

- **必要工具**／請使用「貓咪專用的趾甲剪」。
- **方法**／溫和地將貓咪保定，輕壓貓咪的腳掌肉墊把趾甲壓出來後，剪掉趾甲的前端附近。
- **頻率**／每隻貓咪趾甲生長的速度不一樣，在不同成長階段的速度也不同，大致上一個月一次即可。
- **注意事項**／趾甲的根部附近有血管跟神經，看起來是粉紅色的，剪趾甲的時候要特別注意不要剪到那裡。

貓咪毛髮的護理

　　「理毛」原本是動物為了保持身體清潔而自行梳理毛髮的動作，在貓咪的世界裡，也包括了飼主為牠們進行的毛髮護理。此外，使用到「梳子」的梳毛也屬於理毛的一環，經常幫貓咪梳毛，可以防止牠們發生毛球症（第80頁），也可以減少飼養空間裡四處散落的貓毛。若是長毛貓的話最好每天梳毛，短毛貓則一星期梳毛2～3次即可。

🐾幫貓咪洗澡

　　飼主能幫貓咪進行毛髮護理的方式還有幫牠們洗澡。針對貓咪的洗澡有各式各樣不同的看法，也有人認為貓咪根本不需要洗澡。不過如果貓咪身上真的有點髒或是已經發出讓人在意的氣味時，還是幫牠們洗一下澡比較好。洗澡的頻率一般來說長毛貓大概一個月一次，短毛貓的話半年到1年洗一次即可。

POINT

- 在幫貓咪進行擦臉等日常護理時，同時也要確認貓咪的健康狀態。

MEMO

使用貓咪專用的工具

　　市面上有販售各式各樣的貓毛梳，購買之前請確認好外包裝表示的適用範圍（例如貓毛的長短）。

　　洗澡時也請不要使用人用洗髮精或狗狗用洗毛精，請選擇貓咪專用或狗狗貓貓都可以用的洗毛精。

44 如何確認貓咪的健康狀態？

由於貓咪可能會隱匿自己生病的樣子，飼主要透過體重或尿量等客觀數據來確認貓咪的健康狀態

確認貓咪的體重

測量體重是很重要的

有一種說法認為「貓咪很討厭去醫院，所以很擅長把自己裝得很健康的樣子」。基本上貓咪只要身體不舒服精神就會變差，但牠們大部分都不會表現出來。

那麼身為飼主該怎麼辦才好呢？其中一個辦法就是確認貓咪的體重。貓咪因為全身都是貓毛，體重增減不多的話，只用外觀並不容易判斷，可是數字是不會騙人的。可以的話，每星期都用體重計幫貓咪量一次體重，不然至少也要每個月量一次。

體重的測量方式

體重計儘量選擇測量單位較小的機種（最小單位至少要 10g），然後把貓咪放在上面測量。市面上雖有販售寵物專用的體重計，不過只要是能測量到較小的單位，人類用的體重計也可以，只要飼主抱著貓咪就能順利地測量到體重了，然後再減去飼主自己的體重，就能算出貓咪的重量。

必須特別注意的體重增減

如果貓咪的體重有急遽減少的情況時，飼主就要特別注意了。一般來說體重減少 5％以上時就要特別注意，如果貓咪的行為或狀態有異常情況出現的話，請儘快帶牠去動物醫院檢查。若是體重減少了 10％以上時，很有可能是身體已有潛藏的疾病。

食量與體重減輕

有些情況下貓咪的食量即使沒變體重也會減輕，有可能是食量雖然沒變但飲水量減少了。另外，也有可能是貓咪把吃下去的食物吐在某個隱蔽的角落。

確認貓咪的尿量

還有一項飼主可以簡單確認的事——貓咪的尿量。尿跟體重一樣都是評估身體健康的重要指標。

就算貓咪的精神跟食慾都還不錯，尿量增加也有可能是腎臟病等疾病的初期症狀。

如果飼主覺得貓砂裡的結塊變大，或是寵物尿布墊的重量變重時就要特別注意了。

定期接受健康檢查

對貓咪來說，定期健康檢查也是有助於維持健康的一環。

一般來說貓咪在半歲以後就可以接受第一次的健康檢查，在這之後成貓最好 1 年做一次，高齡貓或是有慢性病得貓咪則最好半年做一次以上的健康檢查。檢查的頻率依貓咪的健康狀態而定，詳細的情況可以諮詢平時看病的動物醫院。

另外，接受健康檢查的時間雖然基本上什麼季節都可以去，不過春季是狗狗的預防針接種期，動物醫院會比較忙碌，或許避開這個時期會比較好。還有考慮到帶貓咪出門時，夏天可能太熱，冬天可能太冷，所以秋季應該可以說是對貓咪負擔最少的季節。

【貓咪的健康檢查】

- **檢查內容**／包括理學檢查、血液檢查及尿液檢查等組合，綜合性地檢查貓咪整體的健康狀態。如果在健康的狀態下檢測出來的數值有異常的話，這些都會成為診斷時的線索，這也是為什麼最好在貓咪精神良好的時候來接受檢查。

- **檢查費用**／費用會因為不同的動物醫院或檢查內容而異，一般而言大概約5000～10000日圓[29]。

- **注意事項**／最好先預約再帶貓咪去動物醫院檢查。

[29] 在台灣，貓咪的基礎健康檢查如理學檢查加血液檢查約新台幣 2000 ～ 3000 元，若再加上 X 光、超音波等費用則從數千～上萬不等。

P O I N T

- 平時就可以經常確認貓咪的體重及尿量。
- 最好1年一次定期帶貓咪去動物醫院進行健康檢查。

第4章　多貓家庭的健康管理【飼主能做到的健康管理】

45 不知道是哪一隻貓咪在拉肚子……

在多貓家庭裡，有時候會難以確定是哪一隻貓咪不舒服，如果擔心的話請儘速帶去動物醫院

多貓家庭的困難之處

有時候根本就不知道是哪隻貓咪有問題

第 99 頁有介紹過尿量是評估愛貓健康狀態的指標之一，可是多貓家庭很麻煩的一點就是，同一個貓砂盆有不只一隻貓咪會去上廁所，所以很難去判斷貓咪的尿量。同樣的問題也發生在家中出現下痢、血便或嘔吐等貓咪身體異常的信號時，多貓家庭會很難判斷是哪一隻貓咪出現問題。如果能一直從旁觀察的話當然沒問題，但實際上卻很難辦到。飼主在開始飼養多隻貓咪前，要先知道會有這樣的問題，而且在某些情況下，甚至要把所有的貓咪都帶去動物醫院檢查。

小心貓咪受傷

比起單貓家庭，多貓家庭更容易發生貓咪被其他貓咪攻擊而受傷的事件。先不說真心打架時受的傷，有時候突然被咬一下或是被爪子勾住也會受傷。基本上貓咪受傷的話，最好還是儘快帶去動物醫院治療。

MEMO

糞便與疾病

貓咪糞便與健康狀態有關，一旦貓咪出現血便就要儘快帶去動物醫院檢查。如果是症狀輕微的拉肚子，通常都會自然恢復，不過如果出現「持續拉肚子」、「又吐又拉」、「沒有精神」等症狀時，最好帶去給獸醫師檢查。

搶食問題

多貓家庭很容易發生搶食問題，不只是食物放在那裡讓貓咪吃到飽的「任食方式」，有時候即使是定時餵飯且每一隻貓咪都有專用的貓碗，依舊會發生貪吃貓把其他貓咪的飯搶走的事件。所以如果有貓咪因為身體不舒服而食慾減退，在多貓家庭裡也很難從吃剩的飯量來進行判斷。

➡搶食問題請參考第 84 頁之詳細資訊。

與其他貓咪隔離

在貓咪的疾病中，有些疾病如「貓泛白血球減少症（貓瘟）」是會傳染給其他貓咪的。貓泛白血球減少症的症狀包括持續地嘔吐及下痢，病況惡化時甚至可能致命。雖然基本上可以透過注射疫苗來預防，但要特別小心沒有打疫苗的貓咪，在某些情況下也必須把感染的貓咪與其他貓咪隔離。

如果有這種情況時，可以先與獸醫師討論一下該採取什麼方式來處理。另外也還有一些其他的疾病，有時候也需要飼主把貓咪們隔開不能互相接觸，這些都是多貓家庭的飼主事先應該要知道的資訊。

第4章 多貓家庭的健康管理〔健康管理的重點〕

MEMO

嘔吐與疾病

多貓家庭在發現家裡有嘔吐物的時候，由於不容易判斷是哪隻貓咪嘔吐的，此時可以先做的就是確認嘔吐物的內容。一般來說吐毛球是最常見的，如果是好幾個月才吐一次，而且貓咪在吐過之後依舊還很有精神的話，通常不會有什麼問題。如果嘔吐物的顏色看起來很奇怪，或者是混有異物的時候，情況就有些危險了。

就算嘔吐物看起來沒有異常，但貓咪的樣子卻怪怪的時候，也請不要自行下判斷，最好還是要去諮詢獸醫師。

POINT

● 多貓家庭在健康管理方面會有一些困難之處，例如有時候會不知道是哪一隻貓咪在拉肚子，如果覺得很擔心的話，就都帶去給獸醫師檢查吧！

46 我家貓咪好像有點胖……

肥胖也會造成健康問題，飼主可透過飲食管理及打造運動空間來維持愛貓理想的體型

🐾 貓咪的肥胖問題

搶食有時也是造成貓咪肥胖的原因

被飼養的貓咪比起野貓有更容易變胖的傾向，而就像我們人類常說的「肥胖有害健康」一樣，對貓咪來說，過度肥胖也不是好事，而且還可能造成關節炎或心臟病等內臟功能障礙的疾病。

多貓家庭在貓咪的飲食控制上會比較困難，必須要特別小心不能讓愛貓變得過度肥胖。

➡搶食問題請參考第 84 頁之詳細資訊。

😺 如何判斷貓咪是否肥胖

雖然說要注意貓咪的肥胖問題，但每隻貓咪的大小或體型都不一樣，怎麼樣才算是太胖須要特別注意呢？應該也有飼主會為這個煩惱吧……。此時有一個指標可以使用，那就是日本環境省公布的《給飼主的寵物食品指南——守護狗狗與貓咪的健康》中所登載的「BCS（Body Condition Score ／身體狀態指數）」。貓咪的BCS 分成五級，BCS 5 即屬於肥胖。

●貓咪BCS摘要

BCS	胖瘦程度	判斷重點
BCS1	過瘦	• 從外觀很容易看到肋骨。 • 脖子消瘦，從上方看可以看到凹陷的腰身，從側面看則腹部明顯向上凹起。
BCS2	稍瘦	• 可以輕易摸到脊椎與肋骨。 • 從上方看可看到明顯的腰身，從側面看腹部稍微向上凹。
BCS3	理想體型	• 雖然可以摸到肋骨但無法看到肋骨的形狀。 • 從上方看有稍微內縮的腰身，從側面看腹部稍微向上凹。
BCS4	稍胖	• 可以摸到肋骨。 • 從側面看腹部稍顯圓潤。
BCS5	過胖	• 外側包圍厚厚的體脂肪所以摸不到肋骨。 • 從上方看幾乎沒有腰身，從側面看腹部呈現圓滾滾的樣子。

飲食上的控制

和人類一樣，貓咪會肥胖是因為攝取的熱量多過消耗的熱量。動物除了身體活動需要熱量，呼吸等維持生命的活動也同樣需要熱量。一旦攝取到的熱量多過於這些身體所需的熱量，一般來說體脂肪就會增加，體重也會逐漸變重。因此想要預防愛貓過胖的重點之一，就是減少攝取的熱量。最簡單的方式就是減少貓咪的飯量，以一星期減少 1 ～ 2% 的減量方式，就可以逐漸朝向理想體型邁進。

改變食物的內容

要控制熱量的攝取並非只看食物的量，改變食物的本質也是一種方法。尤其是最近市面上販售有各式各樣可以有效控制貓咪體重的貓飼料，飼主也可以根據愛貓的喜好來選擇。

以運動來控制體重

防止過胖的另一個方法，就是讓消耗的熱量大於攝取的熱量，也就是增加貓咪每日的運動量。

飼主如果想讓愛貓自發地去運動，可以在家中設置貓爬架。另外，陪貓咪一起玩也是一種運動方式。

POINT

- 多貓家庭特別要注意貓咪肥胖的問題。
- 控制體重要從飲食及運動兩方面著手。

MEMO

從飲食及運動兩方著手

室內飼養的貓咪與狗狗不同，一般來說並不會外出散步。而且，要不要運動要看貓咪自己的意思，如果是討厭運動的貓咪，飼主也很難勉強地去運動。因此「只靠運動來控制體重」是很難辦到的，最好還是從飲食及運動兩方面來共同著手。

47▸擔心家中沒人時貓咪們的狀態……

目前市面上已有販售相關的寵物用品，可確認家中沒人時貓咪的狀態或是貓咪的排尿量

寵物攝影機

寵物攝影機是很受歡迎的產品

為了維持貓咪的健康，利用搭載最新科技的產品也是選項之一。

近年來特別受到飼主歡迎的就是「寵物攝影機」，它可以與手機或平板連動，即使飼主出門在外也可以透過攝影機來觀看愛貓自己待在家中的樣子，等於可以即時確認家中愛貓的安全。

🐾寵物攝影機的選購重點

雖然都叫做寵物攝影機，但市面上販售有各式各樣的機種。價格幅度也相差很大，從 4000 ～ 40000 日圓不等[30]。基本上性能與價格成正比，高價的機種通常都會附加更豐富的功能。

在選擇寵物攝影機時，雖然也可以選擇小鳥等小動物專用的類型，但因為貓咪是會在全家各處活動的動物，所以最好選擇廣角可以拍攝到房間整體的，或是選擇可以鏡頭可以轉動的機種。

[30] 台灣市面的寵物攝影機約新台幣 1000 ～ 5000 元。

【寵物攝影機附加的各式功能】

- **通話功能**／透過寵物攝影機的喇叭，飼主可以與獨自待在家中的愛貓説話。
- **餵食功能**／可以自動餵食，機器本體比較大，説是附加了餵食功能的寵物攝影機，其實更像是附加寵物攝影機的自動餵食器。
- **自動影像追蹤功能**／攝影鏡頭能追蹤貓咪的動態，讓飼主隨時都能看到貓咪的影像。
- **偵測溫、溼度功能**／能確認室內的溫度與溼度。若家中的空調可以透過手機控制的話，還能隨時將室內調整成舒適的環境。

智慧貓砂盆

智慧貓砂盆也是愛貓人士應該要知道的產品之一，這種貓砂盆也被稱為「智慧監測貓砂盆」，如名字所示是附加了攝影機的貓砂盆。

智慧貓砂盆能紀錄愛貓上廁所時的動態及靜態影像，而且還能測量每天的體重及尿量。

高機能的智慧貓砂盆還具有貓臉辨識系統，只要一個貓砂盆可以確認好幾隻貓咪的狀態，也很適合多貓家庭使用。

此外，若想要知道愛貓體重的變化或每日的尿量，市面上也有販賣那種裝設在貓砂盆下方的板狀感應器。

其他寵物用品

除了寵物攝影機這種可以監看愛貓行動的產品外，還有一種也同樣具有監控功能的產品「智慧項圈」。智慧項圈跟一般項圈一樣可以掛在貓咪的脖子上，並可透過脖子的細微振動用 AI 來判斷貓咪在做什麼。

換句話說，就是可以確認貓咪吃飯、喝水、上廁所等日常的行為。

活用最新技術的貓窩

還有一種利用了最新技術的貓窩，在底部有能夠導熱或導冷的板子，能提供給貓咪一個溫度舒適的空間。有的貓窩還可以透過 App 應用程式去連動智慧手機來進行操作。

MEMO
貓咪鈴鐺的意義

說到貓咪身上穿戴的東西，很多人都會想到「鈴鐺」吧！「給貓咪掛鈴鐺」不是什麼新技術，是自古以來大家都很熟悉的組合，好處是能夠讓飼主知道貓咪在哪裡。只是有些貓咪並不喜歡鈴鐺，若要給貓咪掛鈴鐺的話，請先考慮愛貓的性格再做決定喔！

POINT
● 目前有很多種新型的寵物用品能在貓咪的健康管理上派上用場，例如寵物攝影機或是智慧貓砂盆等。

48▸貓咪身上會發生哪些疾病呢？

包含傳染病、系統性疾病，甚至是與人類相同的癌症，因此關於這些疾病的知識飼主也應該了解

🐾 幼貓要特別注意的疾病

包括疾病在內，們這些人類要對貓咪多了解一點啊！

貓咪並不是不會生病的動物，而飼養的貓咪愈多，就愈容易碰上牠們出現健康問題的時候。從這個角度來看，多貓家庭的飼主更應該要對貓咪的疾病有所了解。雖然基本上貓咪生病時都要找獸醫師治療，但飼主先了解貓咪可能會發生哪些疾病並採取相關的預防措施，也是很重要的一環。

幼貓要特別小心呼吸系統的疾病

這裡會根據貓咪不同的成長階段來介紹幾種常見的疾病，首先在幼貓方面，要特別小心呼吸系統的傳染病。

●幼貓要特別注意的主要疾病

疾病名稱	概要	症狀	預防措施
呼吸系統傳染病（貓病毒貓毒性鼻氣管炎、貓卡里西病毒感染症）	讓呼吸道出現問題的病毒性疾病	水樣性眼分泌物、大量眼屎、打噴嚏、流鼻水等	定期施打預防針（包含在混合疫苗之內）
貓泛白血球減少症（貓瘟）	感染貓小病毒（Feline Parvovirus）而引發的疾病	發燒、嘔吐、下痢	定期施打預防針（包含在混合疫苗之內）

MEMO

將幼貓飼養在室內

例如疫苗效果還未實證有效的「貓免疫缺陷病毒感染症」等疾病，幼貓要特別小心的病毒性感染症有很多種，因此最佳的預防措施就是不要讓幼貓外出。

成貓要特別注意的疾病

　　成貓的健康問題大多發生在泌尿系統。另外，這裡所介紹的疾病雖然是根據貓咪的成長階段來分類，但它們在不同的成長階段之間頂多只是好發機率不同，其實不論貓咪是在哪一個年齡層，都必須要特別注意這裡所列的每個疾病。

●成貓要特別注意的主要疾病

疾病名稱	概要	症狀	預防措施
下泌尿道症候群（尿道結石、膀胱炎、尿道阻塞）	尿道結石是尿液中形成了結石或結晶，引發泌尿道的功能異常。膀胱炎或尿道阻塞同樣屬於泌尿系統之問題。	頻尿、血尿、完全無尿等，症狀都表現在尿液上。	早期發現極為重要。飼主每天都要仔細確認貓咪的飲水量、上廁所的次數、尿液顏色及尿量。
慢性腎臟病	讓腎臟失去功能的疾病，會導致身體無法排出代謝廢物，甚至危及生命。	多喝多尿、消瘦、嘔吐、食慾不振等。	不易預防，所以早期發現極為重要。最好定期帶貓咪進行包括血液檢查在內的健康檢查。
糖尿病	身體無法正常攝入所需的糖分導致血糖過高，且過多的糖排泄到尿液中的疾病。一旦病況惡化還會併發腎臟病等疾病。	多喝多尿，初期食量增加，隨著惡化會有食慾不振或體重減少等情形。	與許多疾病一樣，飼主必須防止貓咪過胖，並且提供給貓咪一個沒有壓力的生活環境才能有效預防。

高齡貓咪要特別注意的疾病

　　除了下列所彙整的疾病之外，慢性腎臟病與糖尿病也是貓咪年齡增長後必須持續注意的疾病。此外，也要小心關節炎或便祕的發生。

●高齡貓咪要特別注意的主要疾病

疾病名稱	概要	症狀	預防措施
甲狀腺機能亢進	甲狀腺素分泌過多之疾病。初期貓咪會變成比較活潑且食慾增加，但漸漸會對心臟等各個器官造成負擔，減少壽命。	食慾增加且變得很活潑。特徵是明明食慾增加身體卻愈變愈瘦。	不易預防，因此早期發現極為重要。飼主應定期帶貓咪進行包括血液檢查在內的健康檢查。
心臟病	心臟功能出現問題的疾病，造成的原因很多，從先天性畸形到過了10歲才出現症狀的病例都有。有時也會併發慢性腎臟病等疾病。	稍微動一下就很累、看起來不太想動、張口呼吸等。	不易預防，可透過心臟超音波檢查早期發現。
口腔疾病	發生在口腔內的疾病總稱，和人類一樣，貓咪隨著年齡增加牙齒及牙齦都會退化。	看起來有進食困難的樣子，若是經常用前腳去抓嘴巴周圍的話就有可能是口腔方面的疾病。	不易預防（但也有飼主幫貓咪刷牙可以有效預防的說法）
腫瘤性疾病	腫瘤性疾病是細胞過度增殖所造成疾病的總稱，其中包括「癌症、肉瘤」等攸關性命的惡性腫瘤	根據腫瘤發生的部位而有不同的症狀，若是內臟器官方面的腫瘤，初期的徵兆可能是雖然有食慾但卻持續下痢。	平時在幫貓咪梳毛的時候就要觸摸貓咪身體確認有沒有異常，以便儘早發現。

POINT
●飼主應事先學會與貓咪疾病有關的知識。

49▶我家的貓咪不肯吃藥……

貓咪的藥物或處方食品應向獸醫師諮詢後遵照醫囑執行，其中有些地方需要飼主多用心才能辦到

貓咪的餵藥方式

如果貓咪不肯吃藥的話，飼主就得多花一些心思

　　很多飼主應該都會煩惱「貓咪必須吃藥卻不肯吃藥」這樣的問題吧！其實這種情況在某種意義上是理所當然的，畢竟藥物並非自然環境下存在的東西，吃起來又不像食物，貓咪不喜歡是很正常的。實際上我們人類也有很多人不喜歡吃藥，但只要想到「不吃藥的話就無法恢復健康」也就只好把藥吃下去了。可是貓咪並不會有這樣的想法，所以有時候飼主就得多花一些心思來讓貓咪把藥吃下去。

諮詢獸醫師

　　貓咪的藥物有許許多多的種類，從形狀來看分為錠劑、粉劑及液劑，在服用方式除了口服之外還有眼藥等外用藥。

　　想要讓貓咪在沒有感受到壓力的情況下使用藥物有很多種方法，例如眼藥的話，可以從貓咪背後繞到前方輕柔地扶住下巴往上抬，然後再將眼藥滴入。這只是其中一個例子，由於每隻貓咪的狀況不同，適當的給藥方法請先詢問過平時看診的獸醫師。

MEMO
餵貓咪吃藥的辦法

　　有些飼主會把藥物混在飯裡給貓咪吃，可是多貓家庭的難處之一，就是放了藥物的飯可能會被其他貓咪吃掉，這樣一來該吃藥的貓咪沒有得到藥物的充分效果，不需要吃藥的貓咪卻把藥物吃了下去，所以飼主就必須嚴加防範這種情況的發生。另外，還有一個可以讓貓咪順利吃藥的方法，就是把藥物混在嗜口性佳的小條肉泥狀零食裡餵給貓咪。總而言之，飼主最好還是先跟家庭獸醫師討論看看有哪些餵藥的辦法。

處方食品的注意事項

貓咪的食物一般都是用市售貓乾糧中的綜合營養食品做為主食，由於綜合營養食品含有維持貓咪健康所需的均衡營養素，所以如果想要讓貓咪攝取更多特定的營養素，或是不想攝取某些特定的營養素時，就不太適合了。這種時候，針對特定疾病有進行特別調整的食物（稱之為處方食品）可能就會是比較適合的選擇。

●小心貓咪間的搶食問題

多貓家庭裡要透過處方食品達到療效並不容易，原因之一就是前頁「餵貓咪吃藥的辦法」中所提到的，有時候會發生被其他貓咪搶食的情形。

●遵循醫囑

「依順性（compliance）」是最近經常聽到的詞彙，在包括人類醫療的醫療世界裡，依順性一般是指「患者遵循醫囑確實服用處方藥物」。

而在多貓家庭使用處方食品時，則特別希望飼主也能有良好的依順性。如果飼主只是因為覺得「貓咪吃處方食品就跟別隻貓咪吃的不一樣了，好可憐喔……」而擅自停止貓咪的處方食品，或是亂餵零食的話，說不定會縮短愛貓的健康壽命。

●更換食物的訣竅

包括處方食品在內，飼主如果要把貓咪原本吃的食物換成新的食物時，可以採用「把食物加熱」等方式，讓貓咪順利地接受新的食物。

在執行這些方式之前，最好還是先詢問過家庭獸醫師看看合不合適再開始喔！

【更換食物的方式】

- **食物加熱法**／利用微波爐稍微將食物加熱，可以增加食物的風味。
- **兩碗同時餵食法**／將新的食物放在平常用的貓碗裡，旁邊再放一碗原本的食物。在平常用的貓碗裡放新食物可以降低貓咪的警戒心。
- **新舊混合法**／在原本吃的食物或貓咪愛吃的食物裡一點一點地混入新的食物。

POINT

● 貓咪討厭吃藥是很正常的，所以有很多地方需要飼主多花一些心思才能成功餵藥。

50▶貓咪因為打架流血的話該怎麼辦？

打架造成的出血通常很快就能止住，不論面對什麼樣的問題，最重要的是不要慌張、冷靜以對

受傷時的緊急處理

大部分情況下，打架造成的出血很快就能止住

受傷等突發的健康問題原則上也是找獸醫師治療，不過有些情況下貓咪可能不太適合移動，也可以由飼主來進行某些緊急處理。

多貓家庭經常會發生因為貓咪之間打架或嬉鬧而造成的受傷，如果有出血的話，可以拿乾淨的毛巾或紗布壓在傷口上止血。若是出血量較多無法立刻止血時，則壓住傷口2～3分鐘，或甚至長達15分鐘後，應該就能止血了。

🐾骨折的固定

說到受傷很多人可能會想到骨折這件事，但基本上貓咪是很會降落著地的，所以即使從高處落下也不太會發生骨折。不過在多貓家庭裡貓咪有時候在同住貓咪的影響下可能會變得比較興奮，就比較讓人擔心了。如果貓咪真的從高處掉下來的時候，要先仔細觀察牠的樣子，確認有沒有異常的情形出現。

一旦發生骨折，貓咪走路的樣子會跟平常不一樣，嚴重一點的話骨折處還可能有變形的情況。會了防止惡化，如果可以的話用夾板固定骨折處是最理想的，但這在貓咪身上不太可能辦到。無論如何，飼主都要儘量保持貓咪安靜，並帶去動物醫院就診。

MEMO
經常看病的動物醫院

養貓的生活裡動物醫院是絕對不可或缺的存在，所以最理想的，就是能找到一家方便經常就醫的動物醫院。

獸醫師如果能了解自家貓咪的性格或健康狀態，臨時發生緊急狀況的時候也能馬上順利處理。而且從貓咪的角度來看，進到常去的動物醫院以及給熟悉的獸醫師看診也會比較安心。

貓咪誤食異物等不同狀況的緊急處理

發生關門的時候不小心夾到貓咪、或是不小心踩到貓咪的某處等意外時，飼主首先要做的就是仔細觀察貓咪的樣子。即使發生的當下什麼事都沒有，之後仍要持續觀察幾天貓咪的動作、食慾及上廁所的樣子。

誤食異物也是經常會發生的意外，緊急程度要看貓咪誤吃下去的東西對貓咪有沒有毒性。若吃下有毒的東西，情況就會非常危急，甚至可能致命。此外，就算是沒有毒性也不能掉以輕心，因為也有可能堵塞住胃腸道而必須開刀。一旦發生，請先儘量確認「貓咪吃了多少異物以及吃下去後已經過了多少時間」，然後打電話詢問動物醫院該如何處理。

🐾 觸電

觸電時的緊急處理也是飼主應該要知道的事。貓咪有時候會去咬家電產品的電線而觸電，這個時候飼主該做的是先將電源關掉並確認貓咪全身的狀態，接著確認貓咪的呼吸情形。此外，由於貓咪的嘴唇或舌頭可能會灼傷，所以這些部位也要特別注意。家電產品所造成的觸電，從程度輕微的麻一下到危及性命的嚴重觸電，各種狀況都有可能，尤其是家中的用水區域更是要特別小心。

由於貓咪在觸電之後可能過了一段時間還會有某些症狀出現，所以即使看起來很有精神，還是可以帶去給獸醫師檢查一下比較安心。

🐾 燒燙傷

因為「飼主絆倒而把熱湯潑在貓咪身上」之類的原因，貓咪也會有燒燙傷的可能。由於貓咪本身是非常敏捷的動物，所以往往只是腳掌等部位的局部燙傷。這種情況下只要先冰敷患部，通常不會有什麼嚴重的傷害，所以飼主該做的是先冷靜下來，利用保冷劑或溼毛巾冰敷貓咪的燙傷部位，並維持這樣的狀態把貓咪帶去動物醫院就醫。

POINT

● 發生意外的時候飼主的首要之務是先冷靜下來，仔細觀察貓咪的狀態然後告知獸醫師。

MEMO

貓咪抽搐時先暫時觀察一下

貓咪有時可能會突然發生抽搐，飼主看到這種情況肯定會覺得驚嚇又緊張，不過這種時候飼主的首要之務還是要先冷靜下來。抽搐與受傷不一樣，通常是內科方面的疾病所造成，例如肝病、腎臟病、腦神經疾病、低血糖等都已知會造成抽搐。由於抽搐通常都會在數分鐘內停止，如果看到貓咪正在抽搐時，先仔細觀察一下，等抽搐停止後再打電話詢問動物醫院該如何處理。

51 ▶貓毛變得沒有光澤了……

貓咪從11歲左右開始就算高齡貓，毛髮會變得比較粗糙。飼主必須配合貓咪的年齡調整飼養環境

🐾 與高齡貓咪一起生活的基本常識

配合貓咪的年齡調整飼養環境

貓咪的平均壽命已經變得比過去還要長，目前的平均壽命一般都在 12 ～ 18 歲，若把幅度縮小一點的話大概在 15 ～ 16 歲左右。

本書把 11 歲以上的貓咪都算做「高齡期（高齡貓）」，不過也有人會進一步把 15 歲以上的貓咪算做是老年期。貓咪在進入高齡期之後，會出現睡眠時間愈來愈長等變化。

若想要給高齡貓咪一個舒適的生活，飼主就必須重新檢視飼養環境。由於多貓家庭裡很可能會有不同年齡層的貓咪一起生活，所以必須從中找到一個平衡點，同時也要照顧到高齡貓咪的需求。

🐾 高齡貓的特徵

貓咪一旦進入高齡期後，除了睡覺時間愈來愈長的行為改變之外，也會有毛髮逐漸失去光澤等外觀上的變化。此外，每一隻貓咪隨著年齡增長出現的變化都不太一樣，所以還是需要飼主特別留心，配合貓咪的需求調整飼養方式。

【高齡貓的主要特徵】
- 毛髮／毛髮會逐漸失去光澤，並變得比較粗糙。
- 五官／高齡貓的聽力會逐漸衰退，眼屎變多，有些貓咪還會有牙周病導致的掉牙問題。
- 睡覺的時間／雖然貓咪本來就很愛睡覺，不過年紀大了之後睡覺的時間會比年輕時還長。
- 活動量／活動量減少，也變得不太愛玩。
- 運動能力／無法順利地跳上高處，運動能力衰退。

可以使用桌子，但重要的是讓貓可以輕鬆進食。

貓咪在邁入高齡期後有時體重也會出現變化，可能增加或減少，體重增加的話是因為運動量減少，體重減少的話則可能是因為消化、吸收能力變差。不論是哪一種，飼主首先要做的是先重新檢視食物的內容。目前各個飼料廠商都有販賣高齡貓咪專用商品，飼主可以去選擇一款貓咪適合的飼料。

此外，貓碗也最好改成有一定高度的貓碗，可以減少對高齡貓咪身體的負擔。

🐾調整飼養環境

平時要多觀察高齡貓的行動，如果看起來行動不方便就進行調整。例如貓砂盆入口的落腳處太窄讓貓咪不容易進去的話，就可以在入口處放置斜坡方便貓咪進入。另外貓爬架也可以把每一段的高低落差縮小，讓高齡貓比較好跳上去。

🐾與年輕貓咪的相處

貓咪在進入高齡期後活動量會減少，有時候其他貓咪的打擾可能會對高齡貓咪造成壓力，所以在某些情況下需要飼主代替高齡貓去陪其他年輕的貓咪玩。

此外，高齡貓咪的毛髮之所以會變得粗糙，也可能是因為貓咪自己變得不太會去理毛。這個時候飼主就要經常去幫貓咪梳毛，並且還可以趁此機會確認貓咪的健康狀態。

POINT

● 貓咪11歲以上就進入高齡期了。
● 飼主需要調整飼養環境，照顧到高齡貓咪的生活需求。

MEMO

貓咪的認知障礙

隨著貓咪的壽命拉長，貓咪的認知障礙問題也隨之增加。貓咪認知障礙的症狀包括「在貓砂盆以外的地方上廁所」、「不分白天黑夜地喵叫」、「漫無目的地走來走去」等等，有時也會對飼主造成極大的負擔。

人類目前對貓咪認知障礙的認識尚淺，這也是今後研究的必要領域。

而面對這種情況，飼主的第一步是認清「貓咪也會有認知障礙」這個事實，接下來則是調整自己的心態，不用要求盡善盡美，只要在「力所能及的範圍內」盡力幫助貓咪就好。

52▶其他人都是怎麼和貓咪道別的呢？

貓咪的臨終照護或是後事的處理方式都沒有絕對正確的答案，只要找到自己不會後悔的方式就好

貓咪的臨終期

離別之日總有一天會到來

　　所有動物的壽命都是有限的，貓咪自然也不例外。令人悲傷的是生命終究會有離別之日，痛苦的是多貓家庭的飼主會有更多的機會要面臨這種時刻。

　　如何與貓咪道別，如何進行貓咪的臨終照顧，這些都沒有絕對正確的答案。隨著動物醫療的進步，在某些情況下的確可以進行「延命治療」，但是否希望做到這個地步則要看飼主的決定。最近常看到的「終活」一詞，指的是為了人在臨終前而進行的準備活動。其實像這樣在臨終前把每一件事都安排好也是一種不錯的方式，如果飼主不想慌亂地面對愛貓離開的話，在那一刻來臨之前先想好臨終時的醫療或是葬儀方法，也是一種選擇。

🐾貓咪要離開前的徵兆

　　貓咪在臨終時會出現「用口呼吸」的變化，如果在呼吸停止前還是清醒狀態的話，有時看起來會是痛苦的樣子。也有不少貓咪會在離開的瞬間發出貓叫。一旦斷了氣之後，呼吸及心跳都會停止，全身各部位也都會變得靜止不動。

【死亡之前可能會出現的樣子】

- 呼吸／會張開嘴巴呼吸。
- 體溫／由於體溫下降，身體摸起來會比平常更冷一些。
- 抽搐／因疾病造成的死亡可能會在臨死前出現抽搐現象。

MEMO

不讓別人看到死亡時的樣子？

　　經常聽到有人說「貓咪不會讓人看到牠死亡時的樣子」，有的貓咪的確會在臨終前想要離開飼主，但相反地也有貓咪會想要去靠近飼主。對於想要遠離自己的貓咪，飼主可以隔著一些距離從旁守護著牠，配合貓咪也是一種愛牠的方式。

貓咪的後事

　　貓咪離世之後，有時候會因為肌肉鬆弛而流出排泄物，看到這種情況的話可以先將這些排泄物清理乾淨，之後的 2 ～ 3 個小時貓咪的身體會開始逐漸僵硬，如果放在室內的話並不會馬上開始腐敗，不過也可以利用保冷劑等物品來延緩腐敗的速度。根據貓咪死亡的時間，似乎有不少飼主都會和貓咪的遺體在同個屋簷下共度一夜。

🐾貓咪的後事處理方法

　　貓咪的後事有很多種處理方式，最近有許多飼主會委託寵物安樂園（寵物殯葬業者）幫忙處理。

【貓咪的後事處理方式】

- 寵物安樂園（寵物殯葬業者）／寵物安樂園提供火化及安葬等各種殯葬服務，日本的火化服務還有提供到府服務的火化專用車，遺骨安葬則包括「與其他寵物共同合葬的墓園」、「個別安葬的墓園」、「飼主與寵物可以放在同一個墳墓裡的墓園」等。費用依各機構而定，無法取回骨灰的集體火化費用一般大約在1萬日圓以上[31]。
- 埋在自家的庭院／有些飼主則不會將寵物遺體火化，而是埋在自家的庭院裡。墓穴的深度愈深愈好，至少要挖掘60公分以上比較適當。埋於土中的遺體會逐漸被微生物分解，最後只剩下骨架。
- 地方政府機關／寵物死亡後也可以送交地方政府機關處理，各地方機關的費用不同，基本上無法取回遺骨，費用大約在3000日圓左右[32]。

[31] 在台灣，寵物死亡後可委由動物醫院、寵物殯葬業者進行集體或個別火化，集體火化費用約 1500 元以上，個別火化約 5000 元以上，依體重而定。

[32] 在台灣，寵物死亡後可送交各地方動物保護處集體火化，費用約新台幣 1000 元上下，依體重而定。

> ## NG 將寵物埋葬在公有地屬於非法棄置廢棄物
>
> 　　日本國內將貓咪當作家中一份子的觀念時日尚淺，各地方對寵物遺體的相關規定也各不相同。日本的法律過去將貓咪的遺體視為「廢棄物」，不過最近的解釋逐漸有所變化，有些地方機關已經寵物與小鳥或小型爬蟲類等小動物視為不同。不論如何，因為「這裡比較沒有人煙」或「這裡的視野不錯」等理由而把寵物遺體葬在第三者的土地或公有地上，屬於非法棄置廢棄物，可能會受到法律處罰[33]。
>
> [33] 台灣有部分縣市政府已訂有《寵物屍體處理及寵物生命紀念業管理自治條例》，其中即有「寵物屍體應以火化方式處理，不得將寵物屍體懸掛樹上、埋葬土中、投於水中或隨意棄置於其他依法禁止堆放廢棄物之場所。」等相關規定。

POINT
- 每個飼主對於如何面對貓咪的臨終期與處理後事的方式都不一樣。
- 事先想好寵物的後事處理方式也比較能面對緊急狀況的來臨。

53▸一直忘不了那隻貓咪……

總有一天一定會與自己的愛貓告別，對任何人來說這都是非常痛苦的體驗

寵物離世所帶來的失落感

或許貓咪只是換個地方住而已

雖然貓咪是我們重要的家庭成員，但從社會的角度來看都是總括為寵物。而針對寵物離世，目前已有「喪失寵物症候群（Pet Loss）」一詞，是指失去寵物的傷害造成飼主精神上或生理上的症狀。與愛貓道別的確非常痛苦，但因此而讓身心失調更不是一件大家希望發生的事。如果是多貓家庭的話，更是可能對其他的貓咪帶來不良影響。因此在這裡想為大家分享幾則飼主的經驗，看看要如何面對寵物離世所帶來的失落感。

【經歷過與愛貓永別的飼主經驗談】

■貓咪走了之後，有一段時間我對任何事情都提不起勁，不過從某一天起，我開始覺得牠好像還在我的身邊。因此我認為牠其實並沒有從這個世界消失，而只是換個地方居住而已。到現在我還是經常會想起牠的事情。（飼主M.Y.）

■以前有別人建議我說「只要自己不後悔就好」，所以我也盡了自己的全力照顧貓咪到最後一刻。要說自己「完全不後悔」或許不是很恰當，但心裡多少有些釋懷了。（飼主King）

■雖然一想到再也無法見面就覺得非常痛苦，可是只要到了天堂就會相會了，而且說不定下輩子我們還會在一起，所以我覺得其實我們只是暫時分隔兩地而已。（飼主Isshi）

■老實說目前還在的貓咪給了我心靈很大的幫助，我會連同逝去貓咪的份更加珍惜我現有的貓咪。（飼主Nyanko）

₽🄾🄸🄽🅃

● 或許逝去的貓咪只是換了一個地方居住而已。

第5章

飼主應該要知道的
問題解決之道

和多隻貓咪一起生活就意謂著有更多事情需要特別注意，
例如與鄰居間的相處，
還有災害發生時該如何應對等等。
為了避免緊急狀況發生時自己慌了手腳，
希望大家平時就要有正確的觀念。

54 養貓有哪些事情可能會對鄰居造成困擾？

養貓產生的氣味或掉毛問題可能造成與鄰居之間的糾紛，因此請儘量保持飼養環境清潔

預防與鄰居產生糾紛

以放養方式飼養貓咪可能會造成與鄰居之間的糾紛

根據日本環境省公布的資料（《動物保護管理之主要課題 2018 年版》）顯示，鄰近住戶對於寵物飼養之陳情案件中，與貓咪有關的以「貓咪跑到別人家大小便」這種問題最為常見。多貓家庭隨著飼養的貓咪數量變多，管理上也會變得比較困難。為了與鄰居之間的和諧，原則上貓咪都應該要飼養在室內比較適合。

此外，其他可能出現的還有氣味問題。其實只要勤加清理貓砂盆，確實做好飼養環境管理的話，貓咪算是比較不會有臭味問題的動物。儘管如此，有時候一點小事也可能造成與鄰居間的糾紛，所以身為飼主還是應該要儘量保持飼養環境的清潔。

集合住宅要注意掉毛問題

除了氣味之外，自家貓咪的掉毛問題也要特別注意。尤其是與他人同住一個社區或大樓的時候，在曬棉被或墊子時記得要把上面沾的毛清乾淨再拿出去曬。

【如何預防與其他住戶的糾紛】

- 清除掉落的貓毛／棉被或墊子要拿到陽台曬乾之前，請先用吸塵器或黏毛滾筒將上面沾的貓毛清理乾淨。此外，飼主衣服上的貓毛也應該先在自家室內清乾淨。
- 隔音／若家中的木板地沒有做隔音加工的話，可以鋪上地毯或墊子達到防噪音的效果。

MEMO

跟鄰居先打聲招呼

鄰居之間之所以會發生糾紛，通常都是起因於溝通不良。雖然法律沒有規定，每一個地區的狀況也各有不同，但基本上在開始養貓的時候、新收編貓咪的時候、或是與貓咪一起搬家過來的時候，建議可以先與鄰居打聲招呼，說明一下家裡有飼養貓咪的情況。

🐾如何防止別人家的貓咪跑進來

　　或許貓咪有招喚其他貓咪的體質，一旦開始養貓之後，就很可能會有別人家的貓咪跑到自家的區域內。如果對於外來貓咪的排泄物很在意的話，可以利用市售的嫌避噴劑。有些地方機關還有租借超音波驅貓器，會發出貓咪不喜歡的聲音防止貓咪入侵。

　　此外，如果因為貓咪的問題而跟鄰居有所摩擦的時候，有時候最好不要直接去找當事人談判，而是可以先透過當地的政府機關或動物保護處來協調，因為有不少案例都是因為當事人雙方太過情緒化而無法順利解決問題。

招待客人來家裡時的注意事項

　　養貓家庭在有客人來訪的時候有時也會出現問題，通常都是因為客人硬是把貓咪抱到身上，結果一瞬間貓咪就攻擊客人了。

　　每隻貓咪的個性都不一樣，有的貓咪不論對什麼人都很友善，有的貓咪則很怕生。若自家貓咪真的很怕生的話，就要特別注意地對客人的態度了。

🐾先跟訪客溝通好

　　家裡招待訪客的時候，為了預防貓咪跟客人之間發生衝突，請在事前先告知客人家裡有飼養貓咪，然後再拜託客人裝作不知道有貓的樣子不要去理牠，讓貓咪感覺就跟平常一樣。

　　如果貓咪主動去靠近客人的話，可以請客人先伸出手指到貓咪的鼻子前方讓牠嗅聞，接下來如果貓咪沒有害怕的樣子，再請客人輕柔地撫摸貓咪的下巴等處。

　　之後如果見面機會增加的話，貓咪也可能會變得不再怕生。

NG－不要勉強貓咪

　　若要跟客人介紹自家貓咪的話，請千萬不要做出「把躲起來的貓咪硬是拉出來」、「追著逃走的貓咪把牠抓住」、「用玩具去逼迫著貓咪一起玩」等行為，這樣很可能會對貓咪造成強烈的壓力。

POINT
- 保持飼養環境的清潔可以預防與鄰居發生糾紛。
- 有客人來訪的時候，請不要強迫貓咪去認識客人。

55▸如何防止貓咪脫逃？

即使長時間一同生活的貓也有可能突然離家出走，因此設置防護網等裝置防止貓咪跑出去很重要

🐾 防止貓咪跑掉

利用防護網等裝置防止貓咪逃脫

貓咪是一種好奇心很強烈的動物，或許是這個原因，即使是長時間一起生活的貓咪，也可能在一個意外的瞬間跑到外面去，就算飼主立刻叫牠的名字也不一定會乖乖地回來。這種所謂的逃脫，在多貓家庭裡跟其他貓咪不太相合的貓咪身上特別容易發生。

為了防止這種意外發生，首先就是要做好讓貓咪無法跑掉的預防措施。

而最常使用的防範措施，就是使用防止貓咪逃脫的防護網，目前市面上販售有各式各樣的貓咪防護網，飼主可配合自家的飼養環境選擇適合的類型。

🐾 需要特別注意的場所

貓咪不只會從大門跑出去，牠們也可以輕易地從二樓的陽台欄杆溜出去後漂亮地著地，然後就不知道會跑到哪裡去了。

【貓咪可能會溜出家門的地方】

- 大門／在飼主進出家門的時候，或是拿取宅配的貨物時，貓咪都可能在大門打開的瞬間跑出去。
- 窗戶／尤其要特別注意紗窗，貓咪可能會抓破紗窗，而且因為紗窗很輕，貓咪也可能會自己打開它。
- 陽台／貓咪可能會在飼主晒衣服或收衣服的時候從陽台跑出去。

NG — 不要把防貓網固定得太過牢固

在裝設防止貓咪逃脫的防護網時，請記住要預留一些飼主或貓咪可以在緊急時順利出去的路線。除了平時就要確認避難路線外，避難路線上的防護網也不能固定得太過牢固。

飼主在行動上也要特別留心

為了防止貓咪脫逃，飼主在日常的行動中也有需要特別注意的地方。其中之一就是在進出家門時要有兩道門的觀念，例如要從大門出去的時候，要先把前一個進出客廳的門關起來後，再去打開大門。另外，很多貓咪都是從飼主的腳下溜出去的，可以在出入口放置一個行李箱，然後飼主在每次進出的時候用那個行李箱擋住腳下的空隙。

貓咪跑掉的話該怎麼辦？

如果貓咪真的跑掉的話，首要之務是先冷靜下來。若是慌慌張張地衝到馬路上，反而可能自己發生交通事故。

等到情緒冷靜下來之後，可以先帶著運輸籠以及吸引貓咪用的零食在自家附近尋找。室內飼養的貓咪一般不會跑得太遠，幾乎都是藏在附近的隱蔽處。此外，逃脫的貓咪有時可能會在夜間行動，所以不只白天，晚上也要出去找看看。

如果沒有立刻找到的話

如果找不到跑掉的貓咪，可以聯絡當地的動物防疫所或動物保護處。若是有人撿到貓咪的話，通常都會聯絡這些地方，很多飼主都會在這裡找到自己走失的貓咪。

另外，在動物醫院或超市的公告欄張貼傳單也是有效的方法。

還有一個管道就是在社群媒體張貼「走失協尋」的訊息，現在以這種方式找到走失動物的案例也愈來愈多了。

【走失協尋傳單上應寫明的資訊】

- **標題**／以大字寫清楚傳單的目的，也就是協尋自己走失的貓咪。
- **照片**／使用清楚的照片讓大家知道貓咪長什麼樣子。
- **貓咪特徵**／貓咪的名字、年齡、性別、外觀特徵、性格等資訊。
- **聯絡方式**／留下可聯絡到自己的電話號碼等資訊。
- ※ **注意事項**／請記得取得張貼處管理人員的許可再行張貼。

POINT

- ●家中應裝設防護網來防止貓咪脫逃。
- ●貓咪跑掉的話，先冷靜下來然後在自家附近尋找。

56▸如果發生大地震的話該怎麼辦？

嚴重災害發生時，基本上都要帶著貓咪一起避難，因此平時就要事先規畫好防災措施

災害發生時的基本原則

一起避難去吧！

在發生大地震或颱風等需要避難的時候，飼主都應該要帶著愛貓一起同行，這是最基本的原則。或許有些飼主可能會覺得「這樣會不會給避難處造成麻煩……」，但如今的社會已普遍認知狗狗或貓咪等寵物是家庭的成員之一，日本環境省也有在官方網站上公布災害時與寵物一起避難的指引手冊《寵物同行避難守則》。

🐾不要以為災害不會發生在自己身上

災害有各式各樣的種類，儘管不論是哪種災害都要防範，不過身處在日本列島，更是要特別小心地震的發生❸❹。不管是從歷史上或是從地球科學來看，日本列島會定期發生大地震已經是明確的事實。而在不久的未來，也有專家預測可能會在 2030 年代間可能發生極大規模的大地震——「南海海槽巨大地震」，為此日本政府也以內閣府❸❺為中心制定了相關的防災對策。除此之外，由於氣候變遷的緣故，因為颱風或大雨造成的洪水而遭受到的災害也在增加。

所以說，千萬不要以為這些災害都與自己無關，不會發生在自己身上。

MEMO

與家人同心協力

防災措施中很重要的一環就是要與周圍的人共同合作而非獨自進行。尤其是多貓家庭，必須要照顧的貓咪有那麼多隻，更是需要與家人或周遭朋友一起同心協力。

平時就要決定好家人間的各自分工，例如家人之間的聯絡方式、由誰負責把貓咪帶出去等，這樣也比較能讓人放心。

此外，事先確認好住家當地的防災計畫以及動物醫院的相關措施，也是防災措施的一環。

---

❸❹ 台灣亦屬於地震帶。
❸❺ 相當於台灣的行政院。

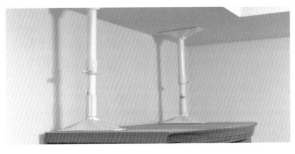

不管什麼事情，都講求「有備無患」。應對地震等災害也要事先做好準備，才能面對臨時發生的緊急狀況。

防災措施的基本事項之一，是將家中的家具事先固定好，可以防止貓咪受傷。

【重要防災措施】

- 固定家具等物體／在地震中倒下的家具或掉落物都有可能造成傷害。可以利用「伸縮桿」等工具固定住家具，避免它們搖晃過大。此外，均一價的生活用品店有賣一種「止滑墊」，視情況也可以用在貓咪的床舖、貓抓板、毛毯等物品上。
- 善加利用貓咪的外出籠／平時就把外出籠放在貓咪的生活空間裡，做為貓咪遇到事情時可以躲藏的地方，好處是這樣發生災害時還能夠直接把貓咪帶出去。
- 具有靈活性的飼養方式／在避難所的共同生活會與各式各樣的人一同吃睡，若是有提供寵物食物的話也不知道會提供哪些種類，所以做為防災準備的一環，飼主平時在飼養管理上請儘量把自家貓咪養成「不怕生」、「不挑食」的貓咪。

➡讓貓咪變得不怕生的方式可參考第 119 頁。

事先就應備好的避難用品

為了在災害發生時的避難過程中使用，請事先就準備好食物及水等避難用品。

【緊急避難包之物品】

- 必備物品／
- □ 食物（貓食）　□ 水（貓咪飲用水）
- □ 裝食物及裝水的容器
　　（最好準備食物專用及飲水專用各一個）
- □ 外出籠
- □ 藥物（如果貓咪有慢性病的話）
- 建議用品／
- □ 貓籠　　□ 毛巾或毯子　□ 貓砂盆與貓砂
- □ 尿布墊　□ 垃圾袋（撿便袋）

MEMO

在避難所的生活

雖然情況各有不同，一般來說貓咪在避難所通常會住在外出籠或貓籠內之類的封閉空間。此外，若是沒有用牽繩或胸背帶就外出的話貓咪逃脫的風險很高，所以請儘量避免這樣做。

POINT

● 災害也有可能發生在自己身上，所以平時就應有萬全的防災準備。

57▶我家的貓咪不喜歡進外出籠……

要帶貓咪去動物醫院的時候一般都會用到外出籠，所以最好平時就要讓貓咪事先習慣

🐾 外出籠的使用

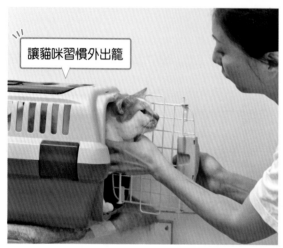

讓貓咪習慣外出籠

要帶貓咪去動物醫院，或者是災害發生時要帶著貓咪一起避難，這些情況下一般都會使用外出籠來攜帶貓咪。若是貓咪不習慣外出籠，很不願意進去的話，就非常傷腦筋了。

為了避免這種情況發生讓貓咪習慣外出籠十分重要，而習慣的方法之一就是平時就把外出籠設置在飼養空間裡。

【讓貓咪習慣外出籠的兩個步驟】

- **步驟①平時就放置在飼養空間／**

  只要將外出籠放置在貓咪平時生活的空間裡，大多數貓咪都能順利的習慣它，有些貓咪還會把外出籠當做貓窩。放置的位置可以在房間的角落或是陽光舒適的窗邊等貓咪能夠安心休息的地方，外出籠的籠門可以拿掉的話，就事先把門拿掉。接著再放入沾有貓咪氣味的毛巾等物，貓咪也會比較容易安心跟放鬆。

- **步驟②用外出籠帶著貓咪出去散步約5分鐘／**

  若想要讓貓咪習慣進入外出籠並移動的話，飼主可將貓咪放入外出籠內，帶著牠在自家附近散步約5分鐘。

MEMO

外出籠的數量

災害發生時帶著貓咪一起避難是飼主的基本責任，若是多貓家庭的話就必須準備跟貓咪隻數同樣數量的外出籠。因為讓貓咪習慣就表示這個外出籠是牠專屬的而非共有的，所以最好為每一隻貓咪都準備一個專屬的外出籠。

移動時的注意事項

　　如果是帶著貓咪搭乘電車或公車等大眾交通工具時，請先利用交通工具的官方網站等管道確認搭乘條件及費用，並遵照該規定搭乘。移動過程中注意不要打擾到其他乘客，並最好把裝有貓咪的外出籠放在腳邊。

　　另外，如果是搭乘計程車的話，大部分都會同意讓貓咪一起搭乘，不過最好還是在預約時或乘車前再跟司機確認一下「我的貓咪放在籠子裡，是否可以一起搭車呢」。

MEMO 　　　搭乘飛機

　　雖然各航空公司的規定不同，不過一般而言貓咪是禁止帶入到機艙內的，而是會以手提行李托運的方式運送。由於飼主無法待在貓咪身邊，最好在事前先去動物醫院進行健康檢查，儘量排除掉會讓人擔心的因素。

 乘坐私家車

　　若是要讓貓咪乘坐私家車移動的話，要特別注意的就是乘車時間會不會太久。首先請事前確定好行車路線，儘量縮短貓咪的乘車時間，若是車程較長的話，中間也要安排好休息的地點。此外，為了避免外出籠臨時壞掉，也要準備好牽繩與胸背袋以備萬一。

【長途車程需要準備的用品】
- 必備物品／
  □胸背帶與牽繩
  □水及餵水器
  □尿布墊　□毛巾或毯　□垃圾袋（撿便袋）
  □配合季節準備暖暖包或保冷劑
- 建議用品／
  □寵物用的攜帶式廁所
  □可以除毛的滾筒式黏毛器
  □動物醫院開立的暈車藥

MEMO 　　　只有貓咪在家時

　　飼主有時候會因為某些臨時狀況而必須外出把貓咪在家裡，一般來說如果只有一、兩天的話，只留貓咪在家並不會有什麼問題。當只有一群貓咪在家時，基本原則就是出門前請記得事先開好空調，不論白天晚上都要把飼養空間保持在舒適的溫度，並準備好充分的食物及飲水，讓貓咪們隨時都能吃到。

POINT
● 由於在搬運貓咪時一定會用到外出籠，所以事前就要讓貓咪習慣。

共同合作者的話

攝影協力、製作協力／
石川 砂美子
（非營利組織「貓咪鬍鬚之家」代表）

貓咪鬍鬚之家
官方網站

　　貓咪鬍鬚之家是埼玉縣八潮市的某家以收容貓咪為目的非營利組織，成立於2016年，旨在幫助即將演變成動物囤積情況的多貓家庭與貓咪們。

如果是飼養兩到三隻貓咪的話，並不需要太過神經質

　　雖然每個人的看法不同，不過基本上我認為多貓家庭對於貓咪來說是非常棒的事情。原因就是貓咪能夠互相舔舐身體理毛，又可以互相追逐嬉鬧，這些貓咪之間的互動，都不是人類可以提供的。

　　而且只飼養一隻貓咪的話，貓咪可能會過度依賴飼主，這樣一來當飼主的生活作息有所改變，例如原本在家工作的模式一旦轉變成通勤上班的話，貓咪可能會無法適應，甚至會感受到極大的壓力。當然這些也要看飼養環境及飼主的經濟狀況，不過如果只養兩到三隻，或最多四隻貓咪的話，並不需要太過擔心貓咪之間的相合度等問題，在我的印象中貓咪們大多都能和睦幸福地生活在一起。

希望大家能夠考慮去認養中途之家裡的貓咪

　　接下來，身為貓咪保護團體代表的我，想要告訴大家的是，如果想要增加新的家庭貓咪成員，請務必考慮去認養中途之家裡的貓咪。日本國內的流浪貓因為數量過多，因此在行政方面採取了TNR（Trap 捕捉、Neuter 結紮、Return 放回）的措施。簡單來說就是把流浪貓進行結紮，滿足相當條件的話，還會有補助金可以領。只是這項措施才開始不久，實際上還是有太多的貓咪必須要救援。再來就是，這些收容的貓咪大多都是混種貓，而混種貓咪比純種貓咪更能抵禦疾病，更重要的是，不論哪隻貓咪在實際接觸過後可以發現牠們的個性都非常可愛。

　　無論如何，與數量適當的貓咪們生活在一起是一件很開心的事，衷心希望大家都可以與愛貓們幸福生活，長長久久。

照片提供（包括封面照片）、製作協力／
nekoccho-family

　　Nekoccho-family是YouTube上很
受歡迎的頻道，是與一群貓咪一起
生活的快樂家族。「在改建的老宅
裡與5隻原本是流浪貓的可愛貓咪
（Lucky、Peg、Ted、Tipi、Lamp）
的鄉間生活」。

nekoccho-family
YouTube 頻道

持續地付出愛才能給大家帶來幸福

　　在我們家，新來的幼貓們每天都會舉辦氣氛熱烈的大型運動會，所以我們家的紙
拉門跟壁紙全都破破爛爛的（笑）。朋友跟媽媽來玩的時候，都會跟我說「這個修復
起來很麻煩吧」，實際上修復起來也真的花了我很大的功夫。不過要說辛苦嘛，這些
換來的是我每天都可以和貓咪們開心地生活。在我的想法裡，跟貓咪們一起生活就
是要跟每隻貓咪都親密無間，然後，每天持續地付出愛情，才能給大家都帶來幸福。

　　貓咪不只是動物而已，牠們真的就是我們的家人。

照片提供、製作協力／
kokesukepapa

　　「kokesukepapa」是很受歡迎的
YouTube頻道。目前與灰色的男生俄
羅斯藍貓「Suzumaro」、咖啡色的女生
索馬利貓「小花」以及黑白相間的男生
蘇格蘭摺耳貓「mochitora」一起生活。

kokesukepapa
YouTube 頻道

最適合的飼養方式需要自己去尋找

　　目前我們家有三隻貓咪和三個孩子，所以做為彼此的玩伴剛好取得了一個平衡。
第三隻貓咪剛好在長男出生的時候來到我家，在我的記憶裡，比起飼養好幾隻貓咪
的辛苦，我更覺得這些貓咪幫了我很多，在自己手忙腳亂的時候，貓咪們還會幫我
去陪孩子們玩。我並不認為「江山易改本性難移」，如果原本就是喜歡動物的人，遇
到不懂的事情可以自己去學習，就算有些事情自己會有所犧牲但為了貓咪好其實也
沒什麼關係。每個家庭的狀況都各有不同，多貓家庭裡沒有絕對正確的飼養法，而
是要自己去找出最適合的飼養方式。

【監修者】長谷川 諒

出身京都府的獸醫師，2017年畢業於北里大學獸醫學院獸醫系。目前為保護機構專門出診醫院「Lake Town 貓咪診療中心」院長，同時也在東京的動物醫院看診，並擔任「Ani-vet」的代表，為寵物相關企業提供諮詢服務。

■制作プロデュース：有限会社イー・プランニング
■編集・制作：小林 英史（編集工房水夢）
■撮影：増田 勝正
■イラスト：山本 雄太、KAI、iu、TEM、なな、ゆん、毎日にーと
■DTP/本文デザイン：松原 卓（ドットテトラ）

國家圖書館出版品預行編目資料

多貓家庭飼養指南：想和眾多貓咪一起快樂生活，你必須知道的事情／長谷川 諒監修；高慧芳譯．-- 初版．-- 臺中市：晨星出版有限公司，2024.03
128 面；16×22.5 公分．--（寵物館；121）

ISBN 978-626-320-762-2（平裝）

1.CST：貓　2.CST：寵物飼養

437.364　　　　　　　　　　112022621

寵物館 121

多貓家庭飼養指南
知っておきたい ネコの多頭飼いのすべて

監修	長谷川 諒
譯者	高慧芳
編輯	余順琪
特約編輯	楊荏喻
編輯助理	林吟築
美術編輯	林姿秀
封面設計	高鍾琪

掃瞄QRcode，
填寫線上回函！

創辦人	陳銘民
發行所	晨星出版有限公司 407台中市西屯區工業30路1號1樓 TEL：04-23595820　FAX：04-23550581 行政院新聞局局版台業字第2500號
法律顧問	陳思成律師
初版	西元2024年03月15日
讀者服務專線	TEL：（02）23672044 /（04）23595819#212
讀者傳真專線	FAX：（02）23635741 /（04）23595493
讀者專用信箱	service@morningstar.com.tw
網路書店	http://www.morningstar.com.tw
郵政劃撥	15060393（知己圖書股份有限公司）
印刷	上好印刷股份有限公司

定價320元
ISBN 978-626-320-762-2

"SHITTEOKITAI NEKO NO TATOGAI NO SUBETE : JUISHIGA OSHIERU
SHIAWASENI KURASU TAMENO POINT" supervised by Ryo Hasegawa
Copyright © elanning, 2023
All rights reserved.
Original Japanese edition published by MATES universal contents Co., Ltd.

This Traditional Chinese language edition is published by arrangement with MATES
universal contents Co., Ltd., Tokyo in care of Tuttle-Mori Agency, Inc., Tokyo
through Future View Technology Ltd., Taipei.

版權所有・翻印必究
（缺頁或破損的書，請寄回更換）